早川　毅　著

統計学

鞍点近似法

24

One Point

共立出版

「統計学 One Point」編集委員会

「統計学 One Point」刊行にあたって

　まず述べねばならないのは，著名な先人たちが編纂された共立出版の『数学ワンポイント双書』が本シリーズのベースにあり，編集委員の多くがこの書物のお世話になった世代ということである．この『数学ワンポイント双書』は数学を理解する上で，学生が理解困難と思われる急所を理解するために編纂された秀作本である．

　現在，統計学は，経済学，数学，工学，医学，薬学，生物学，心理学，商学など，幅広い分野で活用されており，その基本となる考え方・方法論が様々な分野に散逸する結果となっている．統計学は，それぞれの分野で必要に応じて発展すればよいという考え方もある．しかしながら統計を専門とする学科が分散している状況の我が国においては，統計学の個々の要素を構成する考え方や手法を，網羅的に取り上げる本シリーズは，統計学の発展に大きく寄与できると確信するものである．さらに今日，ビッグデータや生産の効率化，人工知能，IoT など，統計学をそれらの分析ツールとして活用すべしという要求が高まっており，時代の要請も機が熟したと考えられる．

　本シリーズでは，難解な部分を解説することも考えているが，主として個々の手法を紹介し，大学で統計学を履修している学生の副読本，あるいは大学院生の専門家への橋渡し，また統計学に興味を持っている研究者・技術者の統計的手法の習得を目標として，様々な用途に活用していただくことを期待している．

　本シリーズを進めるにあたり，それぞれの分野において第一線で研究されている経験豊かな先生方に執筆をお願いした．素晴らしい原稿を執筆していただいた著者に感謝申し上げたい．また各巻のテーマの検討，著者への執筆依頼，原稿の閲読を担っていただいた編集委員の方々のご努力に感謝の意を表するものである．

編集委員会を代表して　鎌倉稔成

まえがき

　統計学において統計量の分布関数の導出は基本的な問題である．通常，統計量の精確な分布表現を得ることは困難であるため，サンプルサイズが大きい場合について多くの方法が提示されてきた．正規分布による Edgeworth 展開や，χ^2 分布による漸近展開法等があるが，前者は検定に必要な上側確率の近似が不安定であることが知られており，また後者は級数展開が用いられるが，その収束半径が未知の場合が多い．

　特に多変量正規母集団に基づく分布理論は T. W. Anderson (1958) により敷かれた路線の精密化であり，ある意味でオーストラリアのグループによる精密分布の導出によりその頂点に達したと言えよう．しかし，その表現は複雑で，数値計算が困難な場合が多いことが指摘されている．

　また高次元の場合には「次元の呪い」と呼ばれる現象が起きて，次元が大きくなると近似の精度が低下することが見られる．

　このような事情を回避するために正規母集団に基づく多変量分布を指数分布族に落とし込んで鞍点近似，Laplace 近似を行うことで，数値的に非常に精確な値を与える表現が得られることを示す．この研究については，英国，デンマークの研究者を中心になされているが，多変量解析の分野については米国の R. W. Butler 教授のグループによる多くの研究があり，本書ではその一部を紹介する．なお，引用されている数理統計の諸結果についての詳細な議論は省いているので，必要に応じて関係する書物を参照していただきたい．また本書において議論を進める上で必要となる多変量分布や行列・行列式（通常の線形代数の教科書では取り扱われない）等については付録を参照していただきたい．

　本書の出版に際しては，中央大学の鎌倉稔成教授に大変にお世話になり，また共立出版編集部には面倒な作業を行っていただいたことをともに感謝申し上げます．

2023 年 9 月

早川　毅

目　　次

記号・略号

(1) $N(\mu, \sigma^2)$：平均 μ, 分散 σ^2 の正規分布. 密度関数

$$f(x) = \frac{1}{\sqrt{2\pi}\sigma} \exp\left\{-\frac{1}{2\sigma^2}(x-\mu)^2\right\}, \quad -\infty < x < \infty$$

(2) $\phi(x)$：$N(0,1)$ の密度関数

(3) $\Phi(x)$：$N(0,1)$ の分布関数

(4) $\mathrm{Ga}(a,b)$：母数 (a,b) のガンマ分布. 密度関数

$$f(x) = \frac{b^a}{\Gamma(a)} x^{a-1} \exp\{-bx\}, \quad x > 0$$

(5) χ_n^2：自由度 n のカイ 2 乗変数. $\mathrm{Ga}\left(\dfrac{n}{2}, \dfrac{1}{2}\right)$

(6) $\Gamma(\alpha)$：ガンマ関数

$$\Gamma(\alpha) = \int_0^\infty \exp(-x)x^{\alpha-1}dx, \quad \alpha > 1$$

(7) $\psi(x)$：ディガンマ関数

$$\psi(x) = \frac{d\Gamma(x)}{dx}$$

(8) $(b)_\ell$：$(b)_\ell = b(b+1)\cdots(b+\ell-1) = \dfrac{\Gamma(b+\ell)}{\Gamma(b)}$

(9) $\mathrm{Be}(a,b)$：母数 (a,b) の 1 次元ベータ分布. 密度関数

$$f(x) = \frac{\Gamma(a+b)}{\Gamma(a)\Gamma(b)} x^{a-1}(1-x)^{b-1}, \quad 0 < x < 1$$

(10) $B_1(a,b)$：母数 (a,b) のベータ関数

$$B_1(a,b) = \frac{\Gamma(a)\Gamma(b)}{\Gamma(a+b)}$$

(11) $Bi(n,\theta)$：母数 (n,θ) の二項分布. 確率関数

$$p(x;\theta) = {}_nC_x\theta^x(1-\theta)^{n-x}, \quad x = 0, 1, \ldots, n$$

(12) ${}_nC_k$：二項係数 ${}_nC_k = \dfrac{n!}{k!(n-k)!}$. n 個のものの中から k 個を取り出

す組合せの数

$$(a+b)^n = a^n + {}_nC_1 a^{n-1}b + \cdots + {}_nC_k a^{n-k}b^k + \cdots + {}_nC_n b^n$$

(13)　$Po(\lambda)$：母数 λ のポアソン分布．確率関数

$$p(x;\lambda) = \exp(-\lambda)\frac{\lambda^x}{x!}, \quad x = 0, 1, 2, \ldots$$

(14)　$NBi(n,\theta)$：母数 (n,θ) の負の二項分布．確率関数

$$p(x) = \frac{\Gamma(n+x)}{x!\Gamma(n)} \cdot \theta^n (1-\theta)^x, \quad x = 0, 1, 2, \ldots$$

(15)　$N_m(\mu,\Sigma)$：m 次元平均ベクトル μ，共分散行列 Σ をもつ多変量正規分布．密度関数

$$f(x) = \frac{1}{(2\pi)^{m/2}|\Sigma|^{1/2}} \exp\left\{-\frac{1}{2}(x-\mu)'\Sigma^{-1}(x-\mu)\right\}$$

(16)　$Dir(\alpha_1,\ldots,\alpha_{m+1})$：母数 $(\alpha_1,\ldots,\alpha_{m+1})$ の Dirichlet 分布．確率関数

$$f(x_1,\ldots,x_m) = \frac{\Gamma(\sum_{i=1}^{m+1}\alpha_i)}{\prod_{i=1}^{m+1}\Gamma(\alpha_i)} \prod_{i=1}^{m} x_i^{\alpha_i-1} \left(1-\sum_{i=1}^{m}x_i\right)^{\alpha_{m+1}-1}$$

$$0 < x_i < 1, \quad i = 1, 2, \ldots, m, \quad 0 < \sum_{i=1}^{m} x_i < 1$$

(17)　$NBi(n,\theta_1,\ldots,\theta_{m+1})$：母数 $(n,\theta_1,\ldots,\theta_{m+1})$ の多次元負の二項分布．確率分布

$$P(X_1 = x_1,\ldots,X_m = x_m) = \frac{\Gamma(n+\sum_{i=1}^{m}x_i)}{\prod_{i=1}^{m}x_i!\Gamma(n)} \prod_{i=1}^{m} \theta_i^{x_i}\theta_{m+1}^n$$

$$x_i = 0, 1, 2, \ldots, \quad i = 1, 2, \ldots, m$$

(18)　$\mathrm{etr}(A)$：対称行列 A に対して，$\mathrm{etr}(A) = \exp(\mathrm{tr}A)$

(19)　$W(\Sigma,n)$：自由度 n，共分散行列 Σ をもつ Wishart 分布．密度関数

$$f(S) = \frac{1}{\Gamma_m\left(\frac{n}{2}\right)|2\Sigma|^{n/2}} |S|^{\frac{1}{2}(n-m-1)} \mathrm{etr}\left(-\frac{1}{2}\Sigma^{-1}S\right), \quad S > 0$$

(20)　$\Gamma_m(\alpha)$：一般化ガンマ関数

$$\Gamma_m(\alpha) = \pi^{\frac{1}{4}m(m-1)} \prod_{i=1}^{m} \Gamma\left(\alpha - \frac{1}{2}(i-1)\right)$$

(21)　$\mathrm{Beta}(a,b)$：母数 (a,b) の行列変数のベータ分布．密度関数

$$f(S) = \frac{\Gamma_m(a+b)}{\Gamma_m(a)\Gamma_m(b)}|S|^{a-\frac{1}{2}(m+1)}|I-S|^{b-\frac{1}{2}(m+1)}, \quad O < S < I_m$$

(22) $B_m(a,b)$: 一般化ベータ関数

$$B_m(a,b) = \frac{\Gamma_m(a)\Gamma_m(b)}{\Gamma_m(a+b)}$$

(23) $NW(\Sigma, n, \Omega)$: 自由度 n, 共分散行列 Σ, 非心母数 Ω の非心 Wishart 分布. 密度関数

$$f(S) = \frac{1}{\Gamma_m(\frac{n}{2})|2\Sigma|^{n/2}}\mathrm{etr}\left(-\frac{1}{2}\Omega\right)|S|^{\frac{1}{2}(n-m-1)}\mathrm{etr}\left(-\frac{1}{2}\Sigma^{-1}S\right)$$
$$\times\, {}_0F_1\left(\frac{n}{2}; \frac{1}{4}\Omega\Sigma^{-1}S\right), \quad S > 0$$

(24) κ : k の m 個以下の分割 $\kappa = [k_1, k_2, \ldots, k_m]$, $k_1 \geq k_2 \geq \cdots \geq k_m \geq 0$,

$$k = \sum_{i=1}^{m} k_i$$

(25) $C_\kappa(S)$: 分割 κ に対応する対称行列 S に対する Zonal 多項式

(26) $\Gamma_m(a; \kappa)$: 分割 κ に対応する一般化ガンマ関数

$$\Gamma_m(a; \kappa) = \pi^{\frac{1}{4}m(m-1)}\prod_{i=1}^{m}\Gamma\left(a + k_i - \frac{1}{2}(i-1)\right)$$

(27) $(a)_\kappa$: $(a)_\kappa = \prod_{i=1}^{m}\left(a - \frac{1}{2}(i-1)\right)_{k_i} = \frac{\Gamma_m(a; \kappa)}{\Gamma_m(a)}$

(28) ${}_pF_q$: 対称行列の超幾何関数

$${}_pF_q(a_1, \ldots, a_p; b_1, \ldots, b_q; X) = \sum_{k=0}^{\infty}\sum_{\kappa}\frac{(a_1)_\kappa \cdots (a_p)_\kappa}{(b_1)_\kappa \cdots (b_q)_\kappa}\frac{C_\kappa(X)}{k!}$$

(29) ${}_2F_1(a, b; c; X)$: Gauss 型超幾何関数

(30) ${}_1F_1(a; b; X)$: 合流型超幾何関数

(31) ${}_0F_1(a; X)$: Bessel 型超幾何関数

(32) $\hat{\Gamma}(a)$: $\Gamma(a)$ の鞍点近似, Laplace 近似

$$\hat{\Gamma}(a) = \sqrt{2\pi}a^{a-\frac{1}{2}}\exp(-a)$$

(33) $\widehat{n!}$: $n!$ の鞍点近似

$$\widehat{n!} = \sqrt{2\pi}n^{n+\frac{1}{2}}\exp(-n)$$

(34) $\widehat{\dbinom{n}{k}}$：二項係数の鞍点近似

$$\widehat{\dbinom{n}{k}} = \frac{\widehat{n!}}{\widehat{k!} \cdot \widehat{(n-k)!}}$$

(35) 較正：超幾何関数 ${}_pF_q(\cdot; X)$ の Laplace 近似を ${}_p\hat{F}_q(\cdot; X)$ とし，原点 $X = 0$ で「1」となるように修正すること

$$_p\tilde{F}_q(\cdot; X) = \frac{{}_p\hat{F}_q(\cdot; X)}{{}_p\hat{F}_q(\cdot; 0)}$$

(36) $E[X]$：確率変数 X の期待値

(37) $V[X]$：確率変数 X の分散

(38) $M(t)$：確率変数 X の積率母関数

$$M(t) = E[\exp(tX)]$$

(39) $K(t)$：確率変数 X のキュムラント母関数

$$K(t) = \log M(t)$$

(40) $K^{(\ell)}(t)$：キュムラント母関数の ℓ 回の微分．$\ell = 1, 2, 3$ の場合は $K'(t), K''(t), K'''(t)$ と記す．

(41) $\lambda_\ell(t)$：$\lambda_\ell(t) = \dfrac{K^{(\ell)}(t)}{[K''(t)]^{\ell/2}}, \quad \ell = 1, 2, \ldots$

(42) $Q^{L,R}$：Lugannani-Rice の公式

(43) $\ell(\theta)$：n 個のデータに基づく母数 θ の尤度関数

(44) $\hat{\theta}$：n 個のデータに基づく θ の最尤推定量

(45) $\ell(\theta; \hat{\theta}, a)$：$\hat{\theta}$ を θ の最尤推定量，a を補助統計量とするときの θ の尤度関数
$\ell_{\theta:}(\theta; \hat{\theta}, a)$：$\ell$ の母数空間における微分
$\ell_{;\hat{\theta}}(\theta; \hat{\theta}, a)$：$\ell$ の標本空間における微分

(46) $i(\theta)$：期待情報量および期待情報量行列

$$i(\theta) = E\left[-\frac{\partial^2 \ell}{\partial \theta^2}\right], \quad i(\theta) = -E\left[\frac{\partial^2 \ell}{\partial \theta \partial \theta'}\right]$$

(47) $j(\theta)$：観測された情報量および観測された情報量行列

$$j(\theta) = -\frac{\partial^2 \ell}{\partial \theta^2}, \quad j(\theta) = -\frac{\partial^2 \ell}{\partial \theta \partial \theta'}$$

(48) 「′」：ベクトル，行列の場合は「転置」を示し，関数の場合は「微分」を示す．

(49) $\dfrac{\partial^2 f}{\partial x \partial x'}$：$x' = (x_1, \ldots, x_m)$, $\quad \partial x' = (\partial x_1, \ldots, \partial x_m)$ とする．

$$\left(\frac{\partial}{\partial x}\right)\left(\frac{\partial}{\partial x}\right)' f = \frac{\partial^2 f}{\partial x \partial x'} = \left(\frac{\partial^2 f}{\partial x_i \partial x_j}\right)$$

(50) $A > 0$：正値対称行列

(51) $\lambda_i(A)$：A の固有値で $\lambda_1(A)$ を最大固有値とし，上から i 番目の固有値

(52) $\mathrm{vec}(A)$：A を $m \times n$ 行列とするときの mn 次元ベクトル

$$\mathrm{vec}(A)' = (a_{11}, \ldots, a_{m1}, a_{12}, \ldots, a_{m2}, \ldots, a_{mn})$$

(53) K_{mn}：mn 次行列で，

$$K_{mn}\mathrm{vec}(A) = \mathrm{vec}(A')$$

(54) N：正方行列 A に対して

$$N\mathrm{vec}(A) = \mathrm{vec}\left(\frac{1}{2}(A + A')\right)$$

(55) $\nu(A)$：m 次対称行列 A に対して $m(m+1)/2$ 次元ベクトル

$$\nu(A)' = (a_{11}, \ldots, a_{m1}, a_{22}, \ldots, a_{m2}, \ldots, a_{mm})$$

(56) D：m 次対称行列に対して

$$D\nu(A) = \mathrm{vec}(A)$$

(57) D^+：$D^+ = (D'D)^{-1}D'$

(58) $\mathrm{sgn}(x)$：符号関数

$$\mathrm{sgn}(x) = 1, \quad x > 0; \quad \mathrm{sgn}(x) = 0, \quad x = 0; \quad \mathrm{sgn}(x) = -1, \quad x < 0$$

(59) $E(x_1, \ldots, x_n)$：n 個の変数 $x_1, \ldots, x_n$ に対する符号関数

$$E(x_1, \ldots, x_n) = \prod_{1 \le i < j \le n} \mathrm{sgn}(x_j - x_i)$$

(60) $Pf(A)$：交代行列 A に対するパフィアン．$n = 2m$ のとき

$$Pf(A) = \frac{1}{2^m m!} \sum_{j_1=1}^{n} \cdots \sum_{j_n=1}^{n} E(j_1, \ldots, j_n) a_{j_1 j_2} \cdots a_{j_{2m-1} j_{2m}}$$

(61) $\boldsymbol{R}^m$：m 次元ユークリッド空間

(62)　$J(x; y)$：変数 x から変数 y への変換のヤコビアン

$$J(x; y) = \left| \frac{\partial x}{\partial y} \right|$$

(63)　$a_n = O(b_n)$：数列 a_n, b_n に対して，ある定数 M が存在して，十分大きい n に対して

$$\left| \frac{a_n}{b_n} \right| < M$$

となる．

(64)　$V_n = O_p(c_n)$：確率変数 V_n と数列 c_n に対して，ある $\varepsilon > 0$ を与えたとき，ε に依存して $M = M(\varepsilon)$, $n_0 = n(\varepsilon)$ が存在して

$$P\left\{ \left| \frac{V_n}{c_n} \right| < M \right\} \geq 1 - \varepsilon, \ n > n_0$$

となることである．

第  章

鞍点近似

1.1 はじめに

鞍点（サドルポイント）近似 (Saddlepoint approximation) は Riemann (1892) による超幾何関数の漸近近似に遡ると言われている．そして，Debye (1909) により Riemann の結果が一般化された．

鞍点近似の統計学への重要な貢献は Daniels (1954) の独立，同分布をもつ確率変数の標本平均の密度関数の近似であり，その精度の高さが注目された．その後，デンマークと英国の研究者を中心に大きな発展があり，特に Barndorff-Nielsen and Cox (1979) において統計学への鞍点近似法の重要かつ有用性が広く認識されるようになった．Daniels (1954) 以後の30 余年にわたる研究を総合報告した Reid (1988) はその後の研究の方向性を見る上で有用である．特に Butler (2007) は鞍点近似法の広い応用を含めた優れた入門書と言えよう．

本書は Butler グループの研究に基づく多変量解析の観点からの鞍点近似の入門的内容になっている．

鞍点近似法を取り扱った文献として，Courant and Hilbert (1950, Chapter III, Section 6.3)，De Bruijin (1970, Chapter 6)，Jeffreys and Jeffreyes (1961, Chapter 17)，McCullagh (1987, Chapter 6)，Field and Ronchetti (1990, Chapter 3.4)，Severini (2000, Chapter 2)，Jensen (1995, Chapter 2.3) 等がある．

1.2　鞍点近似

1.2.1　連続型確率変数

連続型確率変数 X の密度関数を $f(x)$ とする．X の積率母関数 $M(t)$ を

$$M(t) = \int_{-\infty}^{\infty} \exp(tx)f(x)dx \tag{1.2.1}$$

とし，$-c_1 < t < c_2$ $(c_1 \geq 0,\ c_2 \geq 0,\ c_1 + c_2 > 0)$ に対して収束するとする．キュムラント母関数 $K(t)$ は $K(t) = \log M(t)$ とする．積率とキュムラントの関係は付録 A.1 の exp と log の関係より得られる．$K(t)$ を理解するために，密度関数 $f(x)$ の共役密度関数 (conjugate density function) を

$$f(x;t) = \exp\{xt - K(t)\}f(x) \tag{1.2.2}$$

とする．この確率変数を $[X;t]$ と表現するとき，キュムラント母関数 $\widetilde{K}(s)$ は

$$\widetilde{K}(s) = K(s+t) - K(t) \tag{1.2.3}$$

となる．したがって $[X;t]$ の期待値，分散は $\widetilde{K}'(s)|_{s=0} = K'(t)$, $\widetilde{K}''(s)|_{s=0} = K''(t)$ である．よって $K''(t) > 0$ より，$K'(t)$ は狭義増加関数であり，$K(t)$ は下に凸の関数である．

鞍点近似法

確率変数 X の密度関数は Fourier 逆変換（特性関数の反転公式）より

$$\begin{aligned}
f(x) &= \frac{1}{2\pi} \int_{-\infty}^{\infty} \exp\{K(it) - itx\}dt \\
&= \frac{1}{2\pi i} \int_{c-i\infty}^{c+i\infty} \exp\{K(T) - Tx\}dT, \quad -c_3 < \text{Re}(T) < c_4
\end{aligned} \tag{1.2.4}$$

である．$\text{Re}(T)$ は T の実数部であり，$c_3, c_4 > 0$ とする．

補題 1.2.1

$K(T) - Tx$ は実軸上で $K'(T) = x$ となる $T = \hat{T}$ において最小値となる[1].

(証明) 実軸で考えるために $T = t$ とする．$K(t) - tx$ は $K'(t) - x = 0$ を満たす $\hat{t}$ において $K''(\hat{t}) > 0$ より $\hat{t}$ で最小値をとる． $\square$

補題 1.2.2

式 (1.2.4) の被積分関数 $\exp\{K(T) - Tx\}$ は，虚軸に平行な直線において直線が実軸と交わるところでのみ最大値をもつ．

(証明) $T = \tau + iy$ とする．

$$
\begin{aligned}
|\exp\{K(T) - Tx\}| &= |M(T)\exp(-Tx)| \\
&= \exp(-\tau x)\left|\int_{-\infty}^{\infty} \exp\{(\tau + iy)x\}f(x)dx\right| \\
&\leq \exp(-\tau x)M(\tau)
\end{aligned}
$$

ゆえに $|\exp\{K(T) - Tx\}|$ の最大値は $\exp(-\tau x)M(\tau)$ となる．これは $y = 0$ の場合に対応している．

もし，ある $y \neq 0$ に対して等号が成立するとすると，ある α に対して

$$
\int_{-\infty}^{\infty} \exp\{(\tau + iy)x\}f(x)dx = \int_{-\infty}^{\infty} \exp(\tau x)f(x)dx \cdot \exp(i\alpha)
$$

となる．よって，

$$
\exp(i\alpha)\int_{-\infty}^{\infty} \exp(\tau x)f(x)\left\{1 - \exp\{i(yx - \alpha)\}\right\}dx = 0
$$

これより $\exp(i\alpha) \neq 0$ であるから積分が 0 とならねばならない．積分の実数部をとると

$$
\int_{-\infty}^{\infty} \exp(\tau x)f(x)\{1 - \cos(yx - \alpha)\}dx = 0
$$

とならねばならないが，密度関数の定義から積分値は非負となるので矛盾．ゆえに $y = 0$ である． $\square$

---

[1] Daniels (1954, Section 6) において，$K'(T) = x$ がただ 1 つの実根をもつことを示している．

多変数関数において，1 つの方向から見たとき極大値となり，別の方向から見たとき極小値となる点を鞍点という．補題 1.2.1，補題 1.2.2 より $(x, iy) = (\hat{t}, 0)$ は鞍点である．

注意 1.2.1
鞍点に関する文献として，竹内 (2014, 2017) は興味ある知見を与えてくれる．

定理 1.2.1
$f(x)$ を密度関数とし

$$\hat{f}(x) = \frac{1}{\sqrt{2\pi K''(\hat{T})}} \exp\{K(\hat{T}) - \hat{T}x\} \tag{1.2.5}$$

$K'(\hat{T}) = x$ とするとき，(1.2.5) を $f(x)$ の鞍点近似といい，$K'(\hat{T}) = x$ を鞍点方程式という．

(証明)　$K(T) - Tx$ を $T = \hat{T}$ で 2 次までの Taylor 展開をし，$K'(\hat{T}) = x$ を用いると (1.2.4) は

$$\exp\{K(\hat{T}) - \hat{T}x\} \cdot \frac{1}{2\pi i} \int_{\hat{T}-i\infty}^{\hat{T}+i\infty} \exp\left\{\frac{1}{2}K''(\hat{T})(T - \hat{T})^2\right\} dT$$

$T = \hat{T} + iy$ とすると

$$\exp\{K(\hat{T}) - \hat{T}x\} \cdot \frac{1}{2\pi} \int_{-\infty}^{\infty} \exp\left\{-\frac{1}{2}K''(\hat{T})y^2\right\} dy$$
$$= \frac{1}{\sqrt{2\pi K''(\hat{T})}} \exp\{K(\hat{T}) - \hat{T}x\}$$

となる．　　　　　　　　　　　　　　　　　　　　　　　　　□

【例 1.2.1】　確率変数を正規分布 $N(\mu, \sigma^2)$ に従うとき，キュムラント母関数 $K(t) = \mu t + \frac{\sigma^2}{2}t^2$ に対して，鞍点方程式は $K'(t) = \mu + \sigma^2 t = x$ となり，鞍点は $\hat{t} = (x - \mu)/\sigma^2$ となる．$K''(\hat{t}) = \sigma^2$ より

$$\hat{f}(x) = \frac{1}{\sqrt{2\pi\sigma^2}} \exp\left\{ -\frac{1}{2\sigma^2}(x-\mu)^2 \right\}$$

ゆえに鞍点近似は密度関数と一致する.

【例 1.2.2】 ガンマ分布

$$f(x) = \frac{1}{\Gamma(\alpha)} x^{\alpha-1} \exp(-x), \quad x > 0, \quad \alpha > 0$$

キュムラント母関数 $K(t) = -\alpha \log(1-t), \quad t < 1$

鞍点方程式：$K'(t) = \alpha/(1-t) = x$,　鞍点 $\hat{t} = 1 - \alpha/x$

$K''(\hat{t}) = \alpha/(1-\hat{t})^2 = x^2/\alpha$

ゆえに

$$\hat{f}(x) = \frac{1}{\sqrt{2\pi}\alpha^{\alpha-1/2}e^{-\alpha}} x^{\alpha-1} \exp(-x), \quad x > 0, \quad \alpha > 0$$

である. ここで, $\sqrt{2\pi}\alpha^{\alpha-1/2}e^{-\alpha}$ はガンマ関数 $\Gamma(\alpha)$ の Stirling の近似値であるから $\hat{\Gamma}(\alpha)$ と記すと,

$$\hat{f}(x) = \frac{1}{\hat{\Gamma}(\alpha)} x^{\alpha-1} \exp(-x), \quad x > 0, \quad \alpha > 0$$

となる.

$\hat{f}(x)$ は $x > 0$ で積分して"1"とはならないので, 規準係数 $c = \frac{\hat{\Gamma}(\alpha)}{\Gamma(\alpha)}$ を乗ずることで密度関数と一致する. この意味で鞍点近似と x の密度関数は一致とする.

【例 1.2.3】 逆 Gauss 分布

$$f(x) = \frac{1}{\sqrt{\pi}x^{3/2}} \exp\left\{ 2 - x - \frac{1}{x} \right\}, \quad x > 0$$

$K(t) = 2 - 2(1-t)^{1/2}, \quad t < 1$

鞍点方程式：$K'(t) = (1-t)^{-1/2} = x$,　鞍点 $\hat{t} = 1 - 1/x^2$

$K''(\hat{t}) = x^3/2$

以上より,

$$\hat{f}(x) = \frac{1}{\sqrt{\pi}x^{3/2}} \exp\left\{ 2 - x - \frac{1}{x} \right\}, \quad x > 0$$

よって，逆 Gauss 分布の鞍点近似はもとの密度関数と一致する．

補題 1.2.3 （Watson の補題）

$\psi(z)$ は $z = 0$ の近傍で Taylor 展開可能とし，$-A \le w \le B,\ A > 0$, $B > 0$ の $z = w$ に対して有界とする．このとき

$$\left(\frac{n}{2\pi}\right)^{1/2} \int_{-A}^{B} \exp\left(-\frac{n}{2}z^2\right)\psi(z)dz$$
$$= \psi(0) + \frac{1}{2n}\psi''(0) + \cdots + \frac{1}{(2n)^k}\frac{\psi^{(2k)}(0)}{k!} + \cdots \qquad (1.2.6)$$

は漸近展開である (Daniels, 1954).

(証明)　竹内 (2001). 証明は付録 A.2，Watson の補題を参照．　　　□

補題 1.2.4

$X_1, \ldots, X_n$ をキュムラント母関数が $K(T)$ である連続なランダムサンプル（独立で同分布に従う確率変数）とし，$\overline{X} = \sum_{i=1}^{n} X_i/n$ の密度関数は

$$g_n(\overline{x}) = \frac{n}{2\pi i}\int_{c-i\infty}^{c+i\infty} \exp\{n(K(T) - T\overline{x})\}dT \qquad (1.2.7)$$

となる．

(証明)　X の積率母関数を $M(u)$ とすると，$\overline{X}$ の積率母関数は $\{M(u/n)\}^n$ である．これより (1.2.1) を用いて $\overline{X}$ の密度関数は

$$g_n(\overline{x}) = \frac{1}{2\pi i}\int_{c-i\infty}^{c+i\infty} \exp[nK(u/n) - u\overline{x}]du$$
$$= \frac{n}{2\pi i}\int_{c-i\infty}^{c+i\infty} \exp\{n(K(T) - T\overline{x})\}dT$$

となる．　　　□

定理 1.2.2

$X_1, \ldots, X_n$ をキュムラント母関数が $K(T)$ である連続なランダムサンプルとするとき，$\overline{X} = \sum_{i=1}^{n} X_i/n$ の密度関数の鞍点近似は

$$g_n(\overline{x}) = \left(\frac{n}{2\pi K''(\hat{T})}\right)^{1/2} \exp[n\{K(\hat{T}) - \hat{T}\overline{x}\}] \qquad (1.2.8)$$

で与えられ，$1/n$ のべきによる漸近展開は

$$\hat{f}(\overline{x}) = g_n(\overline{x})\left[1 + \frac{1}{n}\left\{\frac{1}{8}\lambda_4(\hat{T}) - \frac{5}{24}\lambda_3^2(\hat{T})\right\} + O\left(\frac{1}{n^2}\right)\right] \qquad (1.2.9)$$

である．ここで $K'(\hat{T}) = \overline{x}$ かつ $\lambda_k(\hat{T}) = K^{(k)}(\hat{T})/[K''(\hat{T})]^{k/2}, k = 3, 4$ である．

(証明)　$K(T)$ は $T = \hat{T}$ で解析的であるから鞍点方程式 $K'(\hat{T}) = \overline{x}$ を用いて

$$K(T) - T\overline{x} = K(\hat{T}) - \hat{T}\overline{x} + \frac{1}{2}K''(\hat{T})(T - \hat{T})^2 + \sum_{k=3}^{\infty}\frac{K^{(k)}(\hat{T})}{k!}(T - \hat{T})^k$$

よって，$T = \hat{T} + iy, y = v/[nK''(\hat{T})]^{1/2}, \lambda_k(\hat{T}) = K^{(k)}(\hat{T})/[K''(\hat{T})]^{k/2}$ とすると

$$\frac{1}{\sqrt{2\pi}}\left(\frac{n}{K''(\hat{T})}\right)^{1/2}\exp[n\{K(\hat{T}) - \hat{T}\overline{x}\}]$$
$$\times \frac{1}{\sqrt{2\pi}}\int_{-\infty}^{\infty}\exp\left\{-\frac{v^2}{2}\right\}\exp\left\{\sum_{k=3}^{\infty}\frac{\lambda_k(\hat{T})}{n^{k/2}k!}(iv)^k\right\}dv \qquad (1.2.10)$$

このとき，補題 1.2.4 より

$$g_n(\overline{x}) = \left(\frac{n}{2\pi K''(\hat{T})}\right)^{1/2}\exp[n\{K(\hat{T}) - \hat{T}\overline{x}\}]$$

を $f(\overline{x})$ の鞍点近似とする．(1.2.10) の積分部分に $k = 4$ まで Watson の補題を適用すると $\overline{x}$ の密度関数の漸近展開 (1.2.9) を得る．　　　　□

1.2.2　離散型確率変数

離散型確率変数 X は整数値をとるとする．

$$p(k) = P\{X = k\}, \quad k = 0, \pm 1, \pm 2, \ldots$$

定理 1.2.3

独立で同じ分布に従う離散型確率変数のランダムサンプル $X_1, \ldots, X_n$ の平均値 $\overline{X} = \sum_{i=1}^{n} X_i / n$ は，確率の鞍点近似

$$P\left\{\overline{X} = \frac{k}{n}\right\} \approx \frac{1}{\sqrt{2\pi n K''(\hat{T})}} \exp[n\{K(\hat{T}) - \hat{T}\overline{x}\}] \qquad (1.2.11)$$

となる．

（証明）　積率母関数 $M(T)$ とキュムラント母関数 $K(T)$ は

$$M(T) = \sum_k \exp(kT)p(k) = \exp[K(T)]$$

とする．

$$P\left\{\sum_{i=1}^{n} X_i = k\right\} = P\left\{\overline{X} = \frac{k}{n}\right\}$$

$$= \frac{1}{2\pi i} \int_{\tau - i\infty}^{\tau + i\infty} \exp[n\{K(T) - T\overline{x}\}]dT \qquad (1.2.12)$$

となる．連続型確率変数と同様の議論より，$K(T) - T\overline{x}$ は $K'(\hat{T}) = \overline{x}$ を満たす $T = \hat{T}$ において虚軸上で最大となる．$T = \hat{T} + iy$ とし，Taylor 展開し，$u = \sqrt{nK''(\hat{T})}$ とすると，

$$P\left\{\overline{X} = \frac{k}{n}\right\} \approx \frac{1}{2\pi\sqrt{nK''(\hat{T})}} \exp[n\{K(\hat{T}) - \hat{T}\overline{x}\}]$$

$$\times \int_{-\pi\sqrt{nK''(\hat{T})}}^{\pi\sqrt{nK''(\hat{T})}} \exp\left\{-\frac{1}{2}u^2\right\} du$$

n が十分大きいとき，積分は $\sqrt{2\pi}$ と近似できるので定理を得る．　□

【例 1.2.4】　二項確率変数

1 回の試行で「成功」が確率 θ で起き，「失敗」が確率 $(1 - \theta)$ で起きる事象を Bernoulli 試行といい，その確率変数を Bernoulli 確率変数といい，

$$P(X = 1) = \theta, \quad P(X = 0) = 1 - \theta$$

で表現する.

　互いに独立で同じ分布に従う n 個の Bernoulli 変数を $X_1, \ldots, X_n$ とする.

$$P(X_i = 1) = \theta, \quad P(X_i = 0) = 1 - \theta, \quad i = 1, 2, \ldots, n$$

このとき, $X = \sum_{i=1}^n X_i$ を二項確率変数といい, $Bi(n, \theta)$ と記す.

$$P\{X = x\} = {}_nC_x \theta^x (1-\theta)^{n-x}, \quad x = 0, 1, \ldots, n$$

X のキュムラント母関数 $K(t) = n\log\{\theta e^t + (1-\theta)\}$, および, 鞍点方程式 $K'(t) = x = n\overline{x}$ より $\theta\exp(\hat{t}) = \overline{x}(1-\theta)/(1-\overline{x})$.

以上より $K'(\hat{t}) = n\log\{(1-\theta)/(1-\overline{x})\}$, $K''(\hat{t}) = \overline{x}(1-\overline{x})$.

よって $P\{\sum_{i=1}^n X_i = x\} = P\{\overline{X} = x/n = \overline{x}\}$ の鞍点近似は,

$$\frac{\sqrt{2\pi}n^{n+1/2}e^{-n}}{\sqrt{2\pi}(n\overline{x})^{n\overline{x}+1/2}e^{-n\overline{x}}\cdot\sqrt{2\pi}(n(1-\overline{x}))^{n(1-\overline{x})+1/2}e^{-n(1-\overline{x})}}\theta^{n\overline{x}}(1-\theta)^{n(1-\overline{x})}$$

となる. ここで階乗の鞍点近似を

$$\widehat{n!} = \sqrt{2\pi}n^{n+1/2}\exp(-n) \tag{1.2.13}$$

と定義する.

$$P\{\overline{X} = \overline{x}\} = \frac{\widehat{n!}}{\widehat{(n\overline{x})!}\cdot\widehat{(n(1-\overline{x}))!}}\theta^{n\overline{x}}(1-\theta)^{n(1-\overline{x})}$$

ここで二項係数の鞍点近似を

$$\widehat{\binom{n}{n\overline{x}}} = \frac{\widehat{n!}}{\widehat{(n\overline{x})!}\cdot\widehat{(n(1-\overline{x}))!}} \tag{1.2.14}$$

と表現すれば, 鞍点近似は

$$P\{\overline{X} = \overline{x}\} = \widehat{\binom{n}{n\overline{x}}}\theta^{n\overline{x}}(1-\theta)^{n(1-\overline{x})}$$

となる.

【例 1.2.5】 負の二項確率

　例 1.2.4 の互いに独立な Bernoulli 試行を繰り返して「成功」が n 回起きるまでに要する「失敗」の回数を X とする. このとき

$$P\{X = x\} = \binom{n-1+x}{x} \theta^{n-1} \cdot (1-\theta)^x \cdot \theta$$

$$= \frac{\Gamma(n+x)}{x!\Gamma(n)} \theta^n (1-\theta)^x, \quad x = 0, 1, 2, \dots \qquad (1.2.15)$$

となる. ここで $\dfrac{(n-1+x)!}{(n-1)!} = (n)_x$ と記す.

$$M(t) = \sum_{x=0}^{\infty} \frac{(n)_x}{x!} \theta^n (1-\theta)^x e^{tx} = \theta^n \{1 - (1-\theta)e^t\}^{-n}$$

を用いて得られる.

$$K(t) = n \log \theta - n \log(1 - (1-\theta)e^t)$$

$$K'(t) = \frac{n(1-\theta)e^t}{1 - (1-\theta)e^t} = x$$

より, 鞍点方程式は

$$\exp(\hat{t}) = \frac{x}{(n+x)(1-\theta)}$$

となるので,

$$K(\hat{t}) = n \log \theta + n \log \left(\frac{n+x}{n} \right),$$

$$K''(\hat{t}) = \frac{1}{n} x(n+x)$$

となる. ゆえに

$$\hat{p}(x) = \frac{\hat{\Gamma}(n+x)}{\widehat{x!} \cdot \hat{\Gamma}(n)} \theta^n (1-\theta)^x, \quad x = 0, 1, 2, \dots \qquad (1.2.16)$$

となる.

1.3 分布関数

　期待値 $E[X]$ をもつサイズ n のランダムサンプルの平均値 $\overline{X}$ の上側確率 $P\{\overline{X} \geq \overline{x}\}$ の近似には Edgeworth 展開が用いられるが，その相対誤差が受け入れがたいほどに大きくなることが知られている．

1.3.1 分布関数（連続型確率変数）

　連続型確率変数の密度関数は (1.2.4) であるから，上側確率 $Q(x) = P(X \geq x)$ は

$$Q(x) = \frac{1}{2\pi i} \int_{c-i\infty}^{c+i\infty} \exp\{K(T) - Tx\} \frac{dT}{T} \tag{1.3.1}$$

として与えられる．$Q(x)$ を x で微分すると密度関数 (1.2.1) を得られる．よって，期待値 $E[X]$ をもつサイズ n のランダムサンプルによる平均値 $\overline{X} = \sum_{i=1}^{n} X_i/n$ の分布関数 $Q_n(\overline{x}) = P\{\overline{X} \geq \overline{x}\}$ は

$$Q_n(\overline{x}) = \frac{n}{2\pi i} \int_{c-i\infty}^{c+i\infty} \exp[n\{K(T) - T\overline{x}\}] \frac{dT}{T} \tag{1.3.2}$$

で与えられる．

【例 1.3.1】

　正規密度関数 $\phi(x)$ を与える反転公式は次式で与えられる．

$$\frac{1}{2\pi i} \int_{c-i\infty}^{c+i\infty} \exp\left\{\frac{1}{2}w^2 - wx\right\} dx = \frac{1}{\sqrt{2\pi}} \exp\left(-\frac{1}{2}x^2\right) = \phi(x) \tag{1.3.3}$$

より，上側確率は

$$1 - \Phi(x) = \frac{1}{2\pi i} \int_{c-i\infty}^{c+i\infty} \exp\left\{\frac{1}{2}w^2 - wx\right\} \frac{dw}{w} \tag{1.3.4}$$

となる．ここで $\Phi'(x) = \phi(x)$ である．

定理 1.3.1 （Lugannani-Rice の公式）

　確率変数 X の分布関数について

(i) $\overline{x} \neq E[X]$ の場合

$$Q_n(\bar{x}) = 1 - \Phi(\sqrt{n}\hat{W}) + \phi(\sqrt{n}\hat{W})\left\{\frac{c_0}{n^{1/2}} + \frac{c_1}{n^{3/2}} + O(n^{-5/2})\right\} \quad (1.3.5)$$

となる．ここで

$$c_0 = \frac{1}{\hat{U}} - \frac{1}{\hat{W}}, \quad c_1 = \frac{1}{\hat{U}}\left\{\frac{\hat{\lambda}_4}{8} - \frac{5}{24}\hat{\lambda}_3^2\right\} - \frac{\lambda_3}{2\hat{U}^2} - \frac{1}{\hat{U}^3} + \frac{1}{\hat{W}^2} \quad (1.3.6)$$

$$\hat{W} = \mathrm{sgn}(\hat{T})\sqrt{2(\hat{T}\bar{x} - K(\hat{T}))}$$

$$\hat{U} = \hat{T}(K''(\hat{T}))^{1/2}$$

である．

(ii) $\bar{x} = E[X]$ の場合

$$Q_n(E[X]) = \frac{1}{2} - \frac{\lambda_3(0)}{6(2n\pi)^{1/2}} + O\left(n^{-3/2}\right) \quad (1.3.7)$$

である．

(証明)

(i) $\bar{x} \neq E[X]$ の場合

$\hat{T}$ が小さいとき，$0 \leq T \leq \hat{T}$ において，$K(T) - T\bar{x} = K(T) - TK'(\hat{T})$ は $T = 0$ で 0，$T = \hat{T}$ で微係数が 0 となり，$K''(T) > 0$ である．よって，局所的に $T = \hat{T}$ で最小値をとる下に凸関数で近似できる．ここで，$0 \leq T \leq \hat{T}$ で局所的に 2 次式で近似し，

$$\frac{1}{2}W^2 - \hat{W}W = K(T) - TK'(\hat{T}) \quad (1.3.8)$$

$$\frac{1}{2}\hat{W}^2 = \hat{T}K'(\hat{T}) - K(\hat{T}) \quad (1.3.9)$$

とする．これより，

$$Q_n(\bar{x}) = \frac{1}{2\pi i}\int_{c-i\infty}^{c+i\infty} \exp\left[n\left\{\frac{1}{2}W^2 - W\hat{W}\right\}\right]\left(\frac{1}{T}\frac{dT}{dW}\right)dW$$

$$= I_1 + I_2$$

とする．

(1.3.4) を用いて

$$I_1 = \frac{1}{2\pi i} \int_{c-i\infty}^{c+i\infty} \exp\left[n\left\{\frac{1}{2}W^2 - W\hat{W}\right\}\right] \frac{dW}{W}$$

$$= 1 - \Phi(\sqrt{n}\hat{W})$$

また

$$I_2 = \exp\left(-\frac{n}{2}\hat{W}^2\right) \cdot \frac{1}{2\pi i} \int_{c-i\infty}^{c+i\infty} \exp\left[\frac{n}{2}(W - \hat{W})^2\right] \left(\frac{1}{T}\frac{dT}{dW} - \frac{1}{W}\right) dW$$

$$= I_{21} - I_{22}$$

とする. ここで

$$I_{21} = \frac{1}{2\pi i} \exp\left(-\frac{n}{2}\hat{W}^2\right) \int_{c-i\infty}^{c+i\infty} \exp\left[\frac{n}{2}\left(W - \hat{W}\right)^2\right] \left(\frac{1}{T}\frac{dT}{dW}\right) dW$$

である. (1.3.8) を $T = \hat{T}$ で Taylor 展開し, $W - \hat{W} = w$, $T - \hat{T} = t$ とし,

$$w^2 = a_2 t^2 + a_3 t^3 + a_4 t^4 + \cdots$$

$$a_2 = K''(\hat{T}), \quad a_3 = \frac{1}{3}K^{(3)}(\hat{T}), \quad a_4 = \frac{1}{12}K^{(4)}(\hat{T}), \ldots$$

とする. また, $b_1 > 0$ として

$$t = b_1 w + b_2 w^2 + b_3 w^3 + \cdots$$

として, Lagrange-Bürmann の反転公式（付録 A.3 を参照）より,

$$b_1 = \frac{1}{\sqrt{a_2}}, \quad b_2 = -\frac{a_3}{2a_2^2}, \quad b_3 = \frac{5}{8}\frac{a_3^2}{a_2^{7/2}} - \frac{1}{2}\frac{a_4}{a_2^{5/2}}$$

よって, I_{21} は

$$I_{21} = \exp\left(-\frac{n}{2}\hat{W}^2\right)\frac{1}{2\pi i}\int_{c-i\infty}^{c+i\infty} \exp\left(\frac{n}{2}\left(W - \hat{W}\right)^2\right)\frac{dT}{dW}\frac{dW}{T}$$

$$= \exp\left(-\frac{n}{2}\hat{W}^2\right)\frac{1}{2\pi i}\int_{c-i\infty}^{c+i\infty} \exp\left(\frac{n}{2}w^2\right)\left[\frac{b_1}{\hat{T}} + w\left(-\frac{b_1^2}{\hat{T}^2} + \frac{2b_2}{\hat{T}}\right)\right.$$

$$\left. + w^2\left(\frac{b_1^3}{\hat{T}^3} - \frac{3b_1 b_2}{\hat{T}^2} + \frac{b_3}{\hat{T}}\right) + \cdots\right] dw$$

ここで $\sqrt{n}w = iu$ として積分すれば,

$$I_{21} = \phi(\sqrt{n}\hat{W}) \left[\frac{1}{\sqrt{n}} \frac{1}{\hat{U}} + \frac{1}{n\sqrt{n}} \left\{ \left(\frac{\hat{\lambda}_4}{8} - \frac{5}{24}\hat{\lambda}_3^2 \right) \frac{1}{\hat{U}} \right. \right.$$

$$\left. \left. - \frac{\hat{\lambda}_3}{2\hat{U}^2} - \frac{1}{\hat{U}^3} \right\} + O\left(\frac{1}{n^{5/2}} \right) \right]$$

ここで $\hat{U} = \hat{T}(\hat{K}'')^{1/2}$ である.

　次に,

$$I_{22} = \exp\left(-\frac{n}{2}\hat{W}^2 \right) \frac{1}{2\pi i} \int_{c-i\infty}^{c+i\infty} \exp\left\{ \frac{n}{2}\left(W - \hat{W} \right)^2 \right\} \frac{dW}{W}$$

$$= \exp\left(\frac{n}{2}\hat{W}^2 \right) \frac{1}{2\pi i} \int_{c-i\infty}^{c+i\infty} \left[\exp\left\{ \frac{n}{2}\left(W - \hat{W} \right)^2 \right\} \right.$$

$$\left. \times \sum_{\ell=0}^{\infty} \frac{(-1)^\ell \left(W - \hat{W} \right)^\ell}{\hat{W}^{\ell+1}} \right] dW$$

$$= \phi(\sqrt{n}\hat{W}) \sum_{\ell=0}^{\infty} \frac{1}{n^{\ell+1/2}} \frac{(-1)^\ell}{\hat{W}^{2\ell+1}} \frac{(2\ell)!}{2^\ell \ell!}$$

以上をまとめて (1.3.5) を得る.

(ii)　$\bar{x} = E[X]$ の場合

$$\frac{1}{2}\hat{W}^2 = \hat{T}\bar{x} - K(\hat{T}) = \hat{T}\bar{x} + K(0) - K(\hat{T})$$

において $K(0)$ を $T = \hat{T}$ で Taylor 展開すると

$$\frac{1}{2}\hat{W}^2 = \frac{1}{2}K''(\hat{T})\hat{T}^2 - \frac{1}{6}K'''(\hat{T})\hat{T}^3 + \cdots$$

を得る. よって

$$\hat{W}^2 = \hat{U}^2 - \frac{1}{3}\hat{\lambda}_3(\hat{T})\hat{U}^3 + O(\hat{U}^4)$$

ゆえに

$$\hat{W} = \hat{U}\left\{ 1 - \frac{1}{6}\hat{\lambda}_3(\hat{T})\hat{U} + O(\hat{U}^2) \right\}$$

よって

$$\frac{\hat{U}}{\hat{W}} = 1 + \frac{1}{6}\hat{\lambda}_3(\hat{T})\hat{U} + O(\hat{U}^2)$$

$$\frac{1}{\hat{W}} - \frac{1}{\hat{U}} = \frac{1}{\hat{U}}\left(\frac{\hat{U}}{\hat{W}} - 1\right) = \frac{1}{6}\hat{\lambda}_3(\hat{T}) + O(\hat{U})$$

$K'(\hat{T}) = \bar{x} = E[X] = K'(0)$ より $\hat{T} = 0$ となるので

$$\lim_{\hat{T} \to 0}\left(\frac{1}{\hat{W}} - \frac{1}{\hat{U}}\right) = \frac{1}{6}\lambda_3(0)$$

以上より

$$Q_n(\bar{x}) = \frac{1}{2} - \frac{\lambda_3(0)}{6(2\pi n)^{1/2}} + O\left(\frac{1}{n}\right)$$

となる. $\qquad\qquad\qquad\qquad\qquad\qquad\qquad\qquad\qquad\qquad\qquad$ □

注意 1.3.1

Lugannani-Rice の公式（定理 1.3.1）を使用するとき，多くの場合

$$Q_n(\bar{x}) = \begin{cases} 1 - \Phi(\hat{w}) + \phi(\hat{w})\left\{\dfrac{1}{\hat{u}} - \dfrac{1}{\hat{w}}\right\}, & \bar{x} \neq E[X] \\[3mm] \dfrac{1}{2} - \dfrac{1}{6\sqrt{2\pi n}}\dfrac{K'''(0)}{(K''(0))^{3/2}}, & \bar{x} = E[X] \end{cases} \qquad (1.3.10)$$

$$\hat{w} = \sqrt{2n(\hat{T}\bar{x} - K(\hat{T}))}$$

$$\hat{u} = \hat{T}(nK''(\hat{T}))^{1/2}$$

を用いる.

注意 1.3.2

$1 - \Phi(\sqrt{n}\hat{W})$ は付録 A.4.1 で紹介する性質を用いると

$$1 - \Phi(\sqrt{n}\hat{W}) = \phi(\sqrt{n}\hat{W})\sum_{\ell=0}^{\infty}\frac{(-1)^\ell}{n^{\ell+1/2}\hat{W}^{2\ell+1}}\frac{(2\ell)!}{2^\ell \ell!}$$

と表示され，I_{22} と一致する．ゆえに上側確率は I_{21} の級数展開より得られることになる．Lugannani-Rice 近似は，I_{21} の第 1 項，I_{22} の第 1 項と $1 - \Phi(\sqrt{n}\hat{W})$ より得られており，良い近似が得られることは興味深い．なお，$1 - \Phi(\sqrt{n}\hat{W})$ は n に依存しているので通常用いられる漸近展開とは異なるものである．

注意 1.3.3

未定乗数法より

$$b_4 = -\frac{a_3}{a_2^5} + \frac{3}{2}\frac{a_3 a_4}{a_2^4} - \frac{1}{2}\frac{a^5}{a_2^3}$$

であり，定理 1.3.1 の $n^{-5/2}$ の項は

$$
\begin{aligned}
c_2 = \frac{15}{\hat{U}} &\left[\frac{1}{5}\frac{1}{\hat{U}^4} + \frac{1}{\hat{U}^3}\frac{\hat{\lambda}_3}{6} + \frac{1}{\hat{U}^2}\left(\frac{7}{72}\hat{\lambda}_3^2 - \frac{\hat{\lambda}_4}{24} \right) \right. \\
&+ \frac{1}{\hat{U}}\left\{ \frac{7}{144}\hat{\lambda}_3^2 - \frac{7}{144}\hat{\lambda}_3\hat{\lambda}_4 + \frac{\hat{\lambda}_5}{120} \right\} \\
&+ \left\{ \frac{77}{3456}\hat{\lambda}_3^4 - \frac{7}{192}\hat{\lambda}_3^2\hat{\lambda}_4 + \frac{7}{720}\hat{\lambda}_3\hat{\lambda}_5 \right. \\
&\left.\left. - \frac{\hat{\lambda}_6}{120} + \frac{7}{1152}\lambda_4^2 \right\} \right] - \frac{3}{\hat{W}^5}
\end{aligned}
\tag{1.3.11}
$$

となる．これは Lugannani-Rice (1980) の $A_2 - B_2$ と一致する．

1.3.2 分布関数（離散型確率変数）

確率変数 X が離散値をとり，$P(X = k) = p_k$ とする．このとき $M(t) = \exp(K(T)) = \sum_k p_k \exp(Tk)$ とし，$S = \sum_{j=1}^n X_j$ に対して $P(S = s) = p_n(s)$ とするとき，

$$p_n(s) = \frac{1}{2\pi i}\int_{-i\pi}^{i\pi}\exp\{nK(T) - Ts\}dT$$

よって分布関数は

$$
\begin{aligned}
Q_{n,s} &= P\left\{ \sum_{j=1}^n X_j \ge s \right\} = \sum_{m=s}^{\infty} p_n(m) \\
&= \frac{1}{2\pi i}\int_{c-i\infty}^{c+i\infty}\exp\{nK(T) - Ts\}\frac{dT}{1 - e^{-T}}, \quad c > 0
\end{aligned}
\tag{1.3.12}
$$

となる．

定理 1.3.2 （Lugannani-Rice の公式）

$s = n\bar{x}$ とするとき，

$$
Q_n(\bar{x}) = \begin{cases} 1 - \Phi(\hat{w}) + \phi(\hat{w}) \left(\dfrac{1}{\hat{z}} - \dfrac{1}{\hat{w}} \right), & \bar{x} \neq E[X] \\[3mm] \dfrac{1}{2} - \dfrac{1}{\sqrt{2\pi n}} \left(\dfrac{K''(0)}{6(K''(0))^{3/2}} - \dfrac{1}{2\sqrt{K''(0)}} \right), & \bar{x} = E[X] \end{cases}
$$

$$(1.3.13)$$

ここで

$$
\hat{w} = \mathrm{sgn}(\hat{T}) \sqrt{2n(\hat{T}\bar{x} - K(\hat{T}))}
$$
$$
\hat{z} = (1 - e^{-\hat{T}}) \sqrt{nK''(\hat{T})}
$$

かつ

$$
K'(\hat{T}) = \bar{x}
$$

である.

（証明）

$\bar{x} \neq E[X]$ の場合

$\dfrac{1}{1 - e^{-T}} = \dfrac{1}{T} \dfrac{T}{1 - e^{-T}}$ とし，$T = \hat{T}$ で Taylor 展開する.

$$
\frac{T}{1 - e^{-T}} = \frac{\hat{T}}{1 - e^{-\hat{T}}} \left\{ 1 + \left(\frac{1}{\hat{T}} - \frac{1}{e^{\hat{T}} - 1} \right)(T - \hat{T}) + \cdots \right\}
$$

ゆえに定理 1.3.1 より $Q_n(\bar{x})$ の近似値は

$$
Q_n(\bar{x}) = \frac{\hat{T}}{1 - e^{-\hat{T}}} \left[1 - \Phi(\hat{w}) + \phi(\hat{w}) \left\{ \frac{1}{\hat{u}} - \frac{1}{\hat{w}} \right\} \right]
$$

となる.

$\hat{T}/\{1 - \exp(-\hat{T})\} = 1 + \hat{T}/2$ より，$1 - \Phi(\hat{w})$，$1/\hat{w}$ は定数項のみを乗じ，

$$
\frac{1}{\hat{u}} \text{ は } \frac{\hat{T}}{1 - e^{-\hat{T}}} \text{ を乗して，} \tilde{u} = [1 - \exp(-\hat{T})] \sqrt{nK''(\hat{T})}
$$

となる.

$\hat{x} = E[X]$ の場合

$$
\frac{1}{\hat{w}} - \frac{1}{\tilde{u}} = \frac{1}{\hat{u}} \left(\frac{\hat{u}}{\hat{w}} - 1 \right) + \frac{1}{\hat{u}} - \frac{1}{\tilde{u}}
$$

とし，第 1 項は $\hat{T} \to 0$ のとき定理 1.3.1 より得られる.

第 2 項は

$$\frac{1}{\hat{u}}\left(1 - \frac{1}{1-\exp(-\hat{T})}\right) = \frac{1}{\hat{u}}\left(-\frac{\hat{T}}{2}\right) \text{より}, \ -\frac{1}{2\sqrt{nK''(0)}}$$

となる. □

定理 1.3.3

X は整数値をとる確率変数とする. $X^- = X - 1/2$ とする. このとき

$$P(X^- \geq s) = P(X \geq s + 1/2)$$
$$= \frac{1}{2\pi i}\int_{c-i\infty}^{c+i\infty}\exp\{K(T)-Ts\}\frac{dT}{2\sinh(T/2)}$$
$$= \begin{cases} 1 - \Phi(w) - \phi(\hat{w})\left\{\frac{1}{\hat{w}} - \frac{1}{\tilde{z}}\right\}, & x \neq E[X] \\ \frac{1}{2} - \frac{K'''(0)}{6\sqrt{2\pi(K''(0))^{3/2}}} \end{cases} \quad (1.3.14)$$

ここで

$$\hat{w} = \sqrt{2\left\{\hat{T}s - K(\hat{T})\right\}}$$
$$\tilde{z} = 2\sinh\left(\frac{\hat{T}}{2}\right)\sqrt{K''(\hat{T})}$$

ここで, $K'(\hat{T}) = s$ である.

(証明)

$$P(X^- > s) = \frac{1}{2\pi i}\int_{c-i\infty}^{c+i\infty}\sum_{m=s+1/2}^{\infty}\exp\{K(T)-Tm\}dT$$
$$= \frac{1}{2\pi i}\int_{c-i\infty}^{c+i\infty}\exp\{K(T)-Ts\}\cdot\exp\left(-\frac{T}{2}\right)\cdot\frac{dT}{1-e^{-T}}$$
$$= \frac{1}{2\pi i}\int_{c-i\infty}^{c+i\infty}\exp\{K(T)-Ts\}\cdot\frac{dT}{2\sinh(T/2)}$$

$\frac{1}{2\sinh(T/2)} = \frac{1}{T}\frac{T}{2\sinh(\hat{t}/2)}$ とし, $T = \hat{T}$ で展開すると,

$$\frac{\hat{T}}{2\sinh(\hat{T}/2)} = \frac{\hat{T}}{2\sinh(\hat{T}/2)}\{1 + \alpha(\hat{T})(T - \hat{T}) + \cdots\}$$

とし, $\alpha(\hat{T})$ は $\hat{T}$ のみの関数である.

定理 1.3.2 と同様にして

$$P(X^- > s) = \frac{\hat{T}}{2\sinh(\hat{T}/2)}\left[1 - \Phi(\hat{w}) - \phi(\hat{w})\left\{\frac{1}{\hat{w}} - \frac{1}{\hat{u}}\right\}\right]$$

また

$$\frac{\hat{T}}{2\sinh(\hat{T}/2)} = 1 + O(\hat{T}^2)$$

より

$$\hat{w} = \sqrt{2\{\hat{T}s - K(\hat{T})\}}$$
$$\tilde{z} = 2\sinh\left(\frac{\hat{T}}{2}\right)\sqrt{K''(\hat{T})}$$

である.

$$\frac{1}{\hat{w}} - \frac{1}{\tilde{z}} = \frac{1}{\hat{u}}\left(\frac{\hat{u}}{\hat{w}} - 1\right) + \frac{1}{\hat{u}} - \frac{1}{\tilde{z}}$$

より, 第2項は

$$\frac{1}{\hat{T}\sqrt{K''(\hat{T})}}\left\{\frac{\hat{T}^2}{24} + O(\hat{T}^3)\right\} \to 0, \quad \hat{T} \to 0$$

となる. □

1.3.3 数値例

Daniels (1987) は4種類の確率変数の分布関数について，Lugannani-Rice の式 $Q^{L,R}$ による近似値と精確（上側確率）な値を比較している.

(1) 指数分布 $f(x) = \exp(-x), x > 0,\ K(t) = -\log(1-t)$

$(n=1)$			$(n=5)$			$(n=10)$		
$\sum x$	精確	$Q^{L,R}$	$\sum x$	精確	$Q^{L,R}$	$\sum x$	精確	$Q^{L,R}$
0.5	0.6065	0.6043	1	0.9^2634	0.9^2633	5	0.9682	0.9682
1.0	0.3679	0.3670	5	0.4405	0.4405	10	0.4579	0.4579
3.0	0.0498	0.0500	10	0.0293	0.0293	15	0.0699	0.0699
5.0	0.0^2674	0.0^2681	15	0.0^3857	0.0^3858	20	0.0^2500	0.0^2500
7.0	0.0^3912	0.0^3926	20	0.0^4169	0.0^4170	25	0.0^3221	0.0^3221
9.0	0.0^3123	0.0^3126	25	0.0^6267	0.0^6268	30	0.0^5712	0.0^5713

(2) 逆 Gauss 分布 $f(x) = \dfrac{1}{(2\pi)^{1/2}x^{3/2}} \exp\left\{-\dfrac{(x-1)^2}{2x}\right\}$,
$$K(t) = \{1 - (1-t)^{1/2}\}$$

$(n=1)$			$(n=5)$			$(n=10)$		
$\sum x$	精確	$Q^{L,R}$	$\sum x$	精確	$Q^{L,R}$	$\sum x$	精確	$Q^{L,R}$
1	0.9645	0.9638	1	0.9^4466	0.9^4460	5	0.9825	0.9824
2	0.6782	0.6724	3	0.8334	0.8315	10	0.4384	0.4369
3	0.3927	0.3848	5	0.4147	0.4108	15	0.0721	0.0715
5	0.1156	0.1108	10	0.0378	0.0328	20	0.0^2789	0.0^2779
10	0.0^2548	0.0^2505	20	0.0^3148	0.0^3141	25	0.0^3729	0.0^3717
20	0.0^4174	0.0^4155	25	0.0^5994	0.0^5937	30	0.0^4621	0.0^4608

(3) 一様分布 $f(x) = \dfrac{1}{2}\,(-1 \le x \le 1),\ K(t) = \log\left(\dfrac{\sinh t}{t}\right)$

$(n=1)$			$(n=5)$			$(n=10)$		
$\sum x$	精確	$Q^{L,R}$	$\sum x$	精確	$Q^{L,R}$	$\sum x$	精確	$Q^{L,R}$
0.2	0.4	0.3838	1	0.2250	0.2249	1	0.2945	0.2945
0.4	0.3	0.2750	2	0.0620	0.0618	3	0.0505	0.0504
0.6	0.2	0.1791	3	0.0^2833	0.0^2824	5	0.0^2247	0.0^2246
0.8	0.1	0.0948	4	0.0^3260	0.0^3255	7	0.0^4159	0.0^4159
						9	0.0^7003	0.0^7003

(4) Poisson 分布 $p_r = \dfrac{e^{-1}}{r!}$, $K(t) = e^t - 1$

$(n=1)$			$(n=5)$			$(n=10)$		
$\sum x$	精確	$Q^{L,R}$	$\sum x$	精確	$Q^{L,R}$	$\sum x$	精確	$Q^{L,R}$
1	0.6321	0.6330	1	0.9^2326	0.9^2319	1	0.9^4546	0.9^4536
3	0.0803	0.0804	3	0.8753	0.8752	5	0.9707	0.9710
5	0.0^2366	0.0^2367	5	0.5595	0.5595	10	0.5421	0.5421
7	0.0^4832	0.0^4834	10	0.0318	0.0318	15	0.0835	0.0835
9	0.0^5113	0.0^5113	15	0.0^3226	0.0^3226	20	0.0^2345	0.0^2345

これらの数値例から見られるように，Lugannani-Rice 式 $Q^{L,R}$ は簡単な表現ではあるが，近似が非常に良いことを示している．

1.3.4 Temme の公式

Lugannani-Rice の公式の $O(1/\sqrt{n})$ の項を求める方法として Temme (1982) の式を紹介する．

定理 1.3.4 （Temme の公式）

$h(x)$ は連続関数で $h(x) = O(1)$ を満たすとする．$g(x) = \frac{1}{x}\{h(x) - h(0)\}$ とし，次の条件を満たすとする．

$$\lim_{|x|\to\infty} \phi(x)g(x) = 0, \quad \lim_{|x|\to\infty} \phi(x)g'(x) = 0 \tag{1.3.15}$$

また，

$$\bar{c} \int_{-\infty}^{\infty} h(x)\sqrt{n}\phi(\sqrt{n}x)dx = 1, \quad \bar{c} = 1 + O(1/n) \tag{1.3.16}$$

とする．このとき

$$\int_z^{\infty} h(x)\sqrt{n}\phi(\sqrt{n}x)dx$$
$$= 1 - \Phi(\sqrt{n}z) + \frac{1}{n}\sqrt{n}\phi(\sqrt{n}z)g(z) + O(n^{-3/2})$$

となる．

(証明)

$$\int_z^\infty h(x)\sqrt{n}\phi(\sqrt{n}x)dx$$

$$= h(0)\int_z^\infty \sqrt{n}\phi(\sqrt{n}x)dx + \int_z^\infty \sqrt{n}x\phi(\sqrt{n}x)\cdot\frac{h(x)-h(0)}{x}dx \quad (1.3.17)$$

とすると，$\phi'(\sqrt{n}x) = -nx\phi(\sqrt{n}x)$ および (1.3.15) を用いて

$$\text{左辺} = h(0)[1-\Phi(\sqrt{n}z)] + \frac{1}{n}g(z)\sqrt{n}\phi(\sqrt{n}z)$$

$$+ \frac{1}{n}\int_z^\infty g'(x)\sqrt{n}\phi(\sqrt{n}x)dx \quad (1.3.18)$$

ここで両辺において $z \to -\infty$ とすると

$$h(0) = \int_{-\infty}^\infty h(x)\sqrt{n}\phi(\sqrt{n}x)dx - \frac{1}{n}\int_{-\infty}^\infty g'(x)\sqrt{n}\phi(\sqrt{n}x)dx$$

となるので (1.3.18) に代入すると (1.3.17) は

$$= (1-\Phi(\sqrt{n}z))\int_{-\infty}^\infty h(x)\sqrt{n}\phi(\sqrt{n}x)dx$$

$$+ \frac{1}{n}g'(z)\sqrt{n}\phi(\sqrt{n}z)$$

$$+ \frac{1}{n}\left[\int_z^\infty g'(x)\sqrt{n}\phi(\sqrt{n}x)dx\right.$$

$$\left. - (1-\Phi(\sqrt{n}z))\int_{-\infty}^\infty g'(x)\sqrt{n}\phi(\sqrt{n}x)dx\right]$$

となるが，$\int_{-\infty}^\infty g'(x)\sqrt{n}\phi(\sqrt{n}x)dx$ は $h(x)$ を $g'(x)$ に置き換えたものであるから，同じ操作を繰り返すことができる.

特に $\overline{c} = 1 + O(1/n)$ とすると，

$$\overline{c}\int_z^\infty h(x)\sqrt{n}\phi(\sqrt{n}x)dx$$

$$= 1 - \Phi(\sqrt{n}z) + \frac{1}{n}\sqrt{n}\phi(\sqrt{n}x)\left\{\frac{h(z)-h(0)}{z} + \overline{c}O\left(\frac{1}{n}\right)\right\}$$

となり，近似は

$$\frac{1}{n}\sqrt{n}\phi(\sqrt{n}z)\cdot O\left(\frac{1}{n}\right) = O\left(\frac{1}{n^{3/2}}\right)$$

となる. □

確率変数 X の密度関数の鞍点近似は

$$\frac{1}{\sqrt{2\pi K''(\hat{T})}}\exp\{K(\hat{T})-\hat{T}x\}$$

であるから，X の分布関数は

$$P\{X\leq y\}=\int_{-\infty}^{y}\frac{1}{\sqrt{2\pi K''(\hat{T})}}\exp\{K(\hat{T})-\hat{T}x\}dx \qquad (1.3.19)$$

$$=\int_{-\infty}^{y}\frac{1}{\sqrt{K''(\hat{T})}}\phi(\hat{w})dx$$

であり，

$$\hat{w}=\mathrm{sgn}(\hat{T})\sqrt{2(\hat{T}x-K(\hat{T}))}$$

である．

補題 1.3.1

$K'(\hat{T})=x$ とし，変換 $\hat{w}=\mathrm{sgn}(\hat{T})\sqrt{2(\hat{T}x-K(\hat{T}))}$ に対して

$$\frac{dx}{d\hat{w}}=\begin{cases}\hat{w}/\hat{T}, & \hat{T}\neq 0\\ \sqrt{K''(0)}, & \hat{T}=0\end{cases} \qquad (1.3.20)$$

である．

(証明) $\mathrm{sgn}(\hat{w})=\mathrm{sgn}(\hat{T})$ より，$\hat{T}\neq 0$ のとき $dx/d\hat{w}>0$ である．よって

$$\hat{w}\frac{d\hat{w}}{dx}=\hat{T} \quad より \quad \frac{dx}{d\hat{w}}=\frac{\hat{w}}{\hat{T}}$$

$\hat{T}=0$ の場合，

$$\lim_{\hat{T}\to 0}\frac{\hat{w}}{\hat{T}}=\lim_{\hat{T}\to 0}\frac{\sqrt{K''(0)\hat{T}^2+O(\hat{T}^3)}}{\hat{T}}=\sqrt{K''(0)}$$

となる． $\square$

以下の定理と系の結果について，$O(n^{-3/2})$ 項は無視している．

定理 1.3.5

連続型確率変数において $K'(\hat{T}) = x$ とし，$\hat{w} = \mathrm{sgn}(\hat{T})\sqrt{2(\hat{T}x - K(\hat{T}))}$ とするとき，

$$P\{X \le y\} = P\{\hat{w} \le w_y\}$$

$$= \Phi(\hat{w}_y) + \phi(\hat{w}_y)\left\{\frac{1}{\hat{w}_y} - \frac{1}{\hat{T}\sqrt{K''(\hat{T})}}\right\} \tag{1.3.21}$$

である．

（証明） (1.3.20) および変換の単調性より，

$$P\{X \le y\} = \int_{-\infty}^{\hat{w}_y} \frac{\hat{w}}{\hat{T}\sqrt{K''(\hat{T})}}\phi(\hat{w})d\hat{w}$$

ここで Temme の公式を用いるために $h(\hat{w}) = \hat{w}/\left(\hat{T}\sqrt{K''(\hat{T})}\right)$ とする．$\hat{w} = 0 \Leftrightarrow \hat{T} = 0$ であるから補題 1.3.1 より

$$h(0) = \lim_{\hat{w}\to\infty} \frac{\hat{w}}{\hat{T}\sqrt{K''(\hat{T})}} = \frac{\sqrt{K''(0)}}{\sqrt{K''(0)}} = 1$$

よって

$$P\{X \le y\} = \Phi(\hat{w}_y) + \phi(\hat{w}_y)\left\{\frac{1}{\hat{w}_y} - \frac{1}{\hat{T}\sqrt{K''(\hat{T})}}\right\}$$

となる．　　　　　　　　　　　　　　　　　　　　　　　　　　　□

系 1.3.1

連続型確率変数の標本平均 $\overline{X}$ に対して

$$P\{\overline{X} \le \overline{x}\} = \Phi(\hat{w}_n) + \phi(\hat{w}_n)\left\{\frac{1}{\hat{w}_n} - \frac{1}{\hat{u}_n}\right\} \tag{1.3.22}$$

ここで，

$$\hat{T} \neq E[X], \quad K'(\hat{T}) = \hat{x}$$
$$\hat{w}_n = \text{sgn}(\hat{T})\sqrt{2n\{\hat{T}\overline{x} - K(\hat{T})\}},$$
$$\hat{u}_n = \hat{T}\sqrt{nK''(\hat{T})}$$

である.

1.4　密度関数の分類

Daniels (1980) は $\overline{x}$ の規準化された鞍点近似の密度関数が取り扱っている密度関数に一致するものとして，正規分布，ガンマ分布，逆 Gauss 分布があることを示している．本節では Blæsild and Jensen (1985) による方法を紹介する.

$\overline{X}$ の密度関数の鞍点近似 (1.2.9) を拡張して

$$f_n(\overline{x}) = g_n(\overline{x})\left[1 + \frac{a_1(\hat{T})}{24n} + \frac{a_2(\hat{T})}{1152n^2} + O\left(\frac{1}{n^3}\right)\right] \tag{1.4.1}$$

ここで

$$g_n(\overline{x}) = \left(\frac{n}{2\pi K''(\hat{T})}\right)^{1/2} \exp[n\{K(\hat{T}) - \hat{T}\hat{x}\}]$$
$$a_1(\hat{T}) = 3\lambda_4(\hat{T}) - 5\lambda_3^2(\hat{T}) \tag{1.4.2}$$

$$a_2(\hat{T}) = -24\lambda_6(\hat{T}) + 105\hat{\lambda}_4^2(\hat{T}) + 168\lambda_3(\hat{T})\lambda_5(\hat{T})$$
$$- 630\lambda_3^2(\hat{T})\lambda_4(\hat{T}) + 385\lambda_3^4(\hat{T}) \tag{1.4.3}$$

$$K'(\hat{T}) = \bar{x}$$

である.

$g_n(\bar{x})$ または規準化された密度関数 $cg_n(\bar{x})$ が $f_n(\bar{x})$ と一致する場合は，例 1.2.1（正規分布），例 1.2.2（ガンマ分布），および例 1.2.3（逆 Gauss

分布）であった．規準化された鞍点近似の密度関数がもとの密度関数と一致するためには (1.4.1) の n^{-k} の係数が $\hat{T}$ に無関係，すなわち定数でなければならない．

補題 1.4.1

$$\frac{1}{\sqrt{K''(T)}}\frac{d\lambda_r(T)}{dT} = \lambda_{r+1}(T) - \frac{r}{2}\lambda_3(T)\lambda_r(T) \tag{1.4.4}$$

補題 1.4.2

$$a_1(T) = c_1 \neq 0 \tag{1.4.5}$$

$$a_2(T) = c_2 \neq 0 \tag{1.4.6}$$

とするとき，

$$\lambda_3(T) = c \quad （定数） \tag{1.4.7}$$

となる．このとき

$$\lambda_k(T) = 定数 \quad (k \geq 4) \tag{1.4.8}$$

となる．

(証明)　(1.4.5) を1回微分して (1.4.9) を得る．さらに (1.4.9) を微分して (1.4.10) を得る．

$$3\lambda_5(T) - 16\lambda_3(T)\lambda_4(T) + 15\lambda_3^3(T) = 0 \tag{1.4.9}$$

$$3\lambda_6(T) - \frac{47}{2}\lambda_3(T)\lambda_5(T) + 101\lambda_3^2(T)\lambda_4(T) - 16\lambda_4^2(T) - \frac{135}{2}\lambda_3^4(T) = 0 \tag{1.4.10}$$

ここで　$8 \times (1.4.10) + (1.4.6)$ とすると，

$$c_2 = -20\lambda_3(T)\lambda_5(T) - 23\lambda_4^2(T) + 178\lambda_3^2(T)\lambda_4(T) - 155\lambda_3^4(T) \tag{1.4.11}$$

次に　$\frac{20}{3}\lambda_3(T) \times (1.4.9) + (1.4.11)$ より

$$c_2 = -23\lambda_4^2(T) + \frac{214}{3}\lambda_3^2(T)\lambda_4(T) - 55\lambda_3^4(T) \tag{1.4.12}$$

そして $\frac{23}{9} \times$ [式 (1.4.5)]^2 とすると

$$\frac{23}{9}c_1^2 = 23\lambda_4^2(T) - \frac{230}{3}\lambda_3^2(T)\lambda_4(T) + \frac{575}{9}\lambda_3^4(T) \tag{1.4.13}$$

ここで式 (1.4.12) + (1.4.13) より

$$c_2 + \frac{23}{9}c_1^2 = -\frac{16}{3}\lambda_3^2(T)\lambda_4(T) + \frac{80}{9}\lambda_3^4(T)$$
$$= -\frac{16}{9}\lambda_3^2(T)c_1$$

ゆえに

$$\lambda_3^2(T) = -\frac{9}{16c_1}\left(c_2 + \frac{23}{9}c_1^2\right)$$

よって

$$\lambda_3(T) = c \quad (定数)$$

となる.

(1.4.7) より (1.4.4) に用いれば (1.4.8) が得られる. □

よって，密度関数を以下のように分類する.

$$y(T) = K''(T) > 0$$

とする.

(a) $a_1(T) = 0$ とすると，

$$3y''(T) = 5(y'(T))^2/y(T) \tag{1.4.14}$$

この微分方程式の解は，

$$y(T) = (aT + b)^{-3/2}, \quad b > 0 \tag{1.4.15}$$

となり，$y(0) = b^{-3/2}$，$y'(0) = -\frac{3}{2}ab^{-5/2}$ となる.

・$a = 0$ のとき，$K''(0) = b^{-3/2}$ より

$$K(T) = \frac{1}{2}b^{-3/2}T^2 + \gamma T + \delta \tag{1.4.16}$$

ここで δ は任意定数である．これは正規確率変数のキュムラント母関数である．

　・$a \neq 0$ のとき

$$K(T) = \gamma T + \frac{4\sqrt{b}}{a^2}\left\{1 - \left(1 + \frac{a}{b}T\right)^{1/2}\right\} \tag{1.4.17}$$

これは逆 Gauss 確率変数のキュムラント母関数である．

(b)　$\lambda_3(T) = c$ とすると，

$$y'(T) = c(y(T))^{3/2} \tag{1.4.18}$$

ゆえに

$$y(T) = \left(-\frac{c}{2}T + b\right)^{-2}, \quad b > c \tag{1.4.19}$$

よって

$$K(T) = \gamma T - \frac{4}{c^2}\log\left(1 - \frac{c}{2b}T\right) + \delta \tag{1.4.20}$$

これはガンマ確率変数のキュムラント母関数である．

　本定理は，標本平均 $\overline{X}$ の密度関数の鞍点近似が，正規分布，逆 Gauss 分布，ガンマ分布の密度関数となるための条件を与えている．このことは，分布の特徴付けの問題として興味あることである．Daniels (1980) は上記問題において，鞍点近似した密度関数がもとのものと一致するのは上記分布の場合のみであることを示し，特に規準化の必要がないものは，正規分布，逆 Gauss 分布のみであることを指摘している．

第 2 章

Laplace積分

Laplace積分は，Laplaceが1810年に中心極限定理に関する論文をパリの科学アカデミーに提案したことに端を発していると言われている．

2.1 Laplace積分（1次元の場合）

定理 2.1.1

$$C = \int_{-a}^{b} h(x) \exp[-ng(x)]dx, \quad a > 0, \quad b > 0 \tag{2.1.1}$$

において，$g(x)$ は区間 $(-a, b)$ で最小値 $g(\hat{x}) = \hat{g}$ をもち，$g'(\hat{x}) = 0$，$g''(\hat{x}) > 0$，かつ，$h(\hat{x}) \neq 0$ とする．被積分関数を最大にする $\hat{x}$ を含む狭い範囲内に積分値の大部分が存在しているとする．このとき C は

$$\sqrt{\frac{2\pi}{ng''(\hat{x})}} \exp(-ng(\hat{x}))h(\hat{x}) \left\{ 1 + \frac{A}{n} + O\left(\frac{1}{n^2}\right) \right\} \tag{2.1.2}$$

で近似できる．ここで，

$$A = \frac{5}{24}\hat{G}_3^2 - \frac{1}{8}\hat{G}_4 + \frac{h''(\hat{x})}{2h(\hat{x})g''(\hat{x})} - \frac{\hat{G}_3 h'(\hat{x})}{2h(\hat{x})\sqrt{g''(\hat{x})}} \tag{2.1.3}$$

$$\hat{G}_3 = \frac{g^{(3)}(\hat{x})}{\{g''(\hat{x})\}^{3/2}}, \quad \hat{G}_4 = \frac{g^{(4)}(\hat{x})}{\{g''(\hat{x})\}^2}$$

である.

(**証明**)　$g(x), h(x)$ を $x = \hat{x}$ のまわりで Taylor 展開し, $(n\hat{g}'')^{1/2}(x - \hat{x}) = z$ (および $\tilde{b} = \sqrt{ng''(\bar{x})}(b - \bar{x}), \tilde{a} = \sqrt{ng''(\bar{x})}(a + \bar{x})$ とし), $O(1/n)$ まで表示すると,

$$C = \frac{1}{\sqrt{ng''(\hat{x})}} \int_{-\tilde{a}}^{\tilde{b}} \exp\left\{-\frac{1}{2}z^2\right\}\left[1 + \frac{\tilde{A}}{\sqrt{n}} + \frac{\tilde{B}}{n} + O\left(\frac{1}{n\sqrt{n}}\right)\right]dz$$

$$\tilde{A} = -\frac{1}{6}\hat{G}_3 z^3 + \frac{\hat{h}'}{\hat{h}}\frac{z}{\sqrt{\hat{g}''}}$$

$$\tilde{B} = -\frac{1}{24}\tilde{G}_4 z^4 + \frac{1}{72}\tilde{G}_3^2 z^6 - \frac{1}{6}\frac{\hat{h}'}{\hat{h}}\frac{\tilde{G}_3}{\sqrt{\hat{g}''}}z^4 + \frac{1}{2}\frac{\hat{h}'}{\hat{h}}\frac{z^2}{(\hat{g}'')}$$

$O\left(1/n\sqrt{n}\right)$ は z の奇関数である. 積分範囲は $\left[-\tilde{a}, \tilde{b}\right]$ となり, n が大きいときには積分を $(-\infty, \infty)$ で行うことで C に一致する.　　　　　　□

【**例 2.1.1**】

$$I = \int_{-\infty}^{\infty} \exp\left(-\frac{x^2}{2}\right)dx \tag{2.1.4}$$

について考える. ここで, $g(x) = x^2/2$ として, $\hat{x} = 0$, $h(x) = 1$, $n = 1$ とすると, (2.1.2) より $\hat{I} = \sqrt{2\pi}$ となり, 正確な値が得られる.

【**例 2.1.2**】

$$\Gamma(a) = \int_0^{\infty} x^{a-1}\exp(-x)dx, \quad a > 0$$

ここで, $g(x) = -a\log x + x$, $h(x) = x^{-1}$ とすると, Laplace 近似は (2.1.2) より

$$\sqrt{2\pi} \cdot a^{a-1/2}\exp(-a) = \hat{\Gamma}(a)$$

が得られる.

【**例 2.1.3**】

　例 2.1.2 で得られた $\Gamma(a)$ の (2.1.2) による $O(1/a)$ までの近似は

$$\hat{\Gamma}(a)\left\{1+\frac{1}{12a}+O\left(\frac{1}{a^2}\right)\right\}$$

である．また，Barnes (1899) による $\Gamma(a)$ の近似

$$\log\Gamma(a)=\log\sqrt{2\pi}+\left(a-\frac{1}{2}\right)\log a-a+\frac{1}{2a}B_2(0)+O\left(\frac{1}{a^2}\right)$$

と比べる．ここで $B_2(0)$ は Bernoulli 数で $B_2(0)=1/6$ である．よって，$O(1/a)$ まで一致する．

【例 2.1.4】

$$B_1(a,b)=\int_0^1 x^{a-1}(1-x)^{b-1}dx=\frac{\Gamma(a)\Gamma(b)}{\Gamma(a+b)} \tag{2.1.5}$$

について考える．ここで

$$g(x)=-a\log x-b\log(1-x),\quad h(x)=x^{-1}(1-x)^{-1},\quad n=1$$

とすると，$\hat{x}=a/(a+b)$ より $\hat{I}=\hat{\Gamma}(a)\hat{\Gamma}(b)/\hat{\Gamma}(a+b)$ となる．

2.2 Laplace 積分（m 次元の場合）

定理 2.2.1

m 次元の領域 $\mathcal{D}$ の元 $x'=(x_1,\dots,x_m)$ に対して $g(x)$ は滑らかな関数 (C^∞) とし，$\hat{x}\in\mathcal{D}$ で最小値となり，$\hat{x}$ は $\partial g/\partial\hat{x}=0$ を満たすとする．n が大きいとき，

$$
\begin{aligned}
C &= \int_{\mathcal{D}}\exp(-ng(x))h(x)dx \\
&\fallingdotseq \left(\frac{2\pi}{n}\right)^{m/2}\frac{1}{\mid g''(\hat{x})\mid^{1/2}}\exp(-ng(\hat{x}))h(\hat{x}) \\
&\quad \times\left[1+\frac{A}{n}+O\left(\frac{1}{n^2}\right)\right]
\end{aligned}
\tag{2.2.1}
$$

となる．ここで

$$A = -\frac{1}{8}\hat{G}_4 + \frac{1}{24}(2\hat{G}_{23} + 3\hat{G}_{13}^2) - \frac{1}{2}\frac{\hat{h}_\ell}{\hat{h}}\hat{g}^{ij}\hat{g}^{k\ell} + \frac{1}{2}\frac{\hat{h}_{ij}}{\hat{h}}\hat{g}^{ij}$$

$$\hat{G}_4 = \hat{g}_{ijk\ell}\hat{g}^{ij}\hat{g}^{k\ell}$$

$$\hat{G}_{23}^2 = \hat{g}_{ijk}\hat{g}_{rst}\hat{g}^{ir}\hat{g}^{js}\hat{g}^{kt}$$

$$\hat{G}_{13}^2 = \hat{g}_{ijk}\hat{g}_{rst}\hat{g}^{ij}\hat{g}^{kr}\hat{g}^{st}$$

$$\hat{g}_{ijk} = \frac{\partial^3 g}{\partial x_i \partial x_j \partial x_k}\Big|_{x=\hat{x}}, \quad \hat{g}_{ijk\ell} = \frac{\partial^4 g}{\partial x_i \partial x_j \partial x_k \partial x_\ell}\Big|_{x=\hat{x}}$$

$$\hat{h}_\ell = \frac{\partial h}{\partial x_i}\Big|_{x=\hat{x}}, \quad \hat{h}_{ij} = \frac{\partial^2 h}{\partial x_i \partial x_j}\Big|_{x=\hat{x}}$$

である．また，行列 (g_{ij}) の逆行列 $(g_{ij})^{-1}$ を (g^{ij}) で表す．和については Einstein 記号を用いる（付録 A.4.5）．

（証明） 定理 2.1.1 と同様にして $x = \hat{x}$ で Taylor 展開し，付録 A.4.5 の Einstein 記号を用いて確かめることができる．　　　　　　　　　　　　　□

【例 2.2.1】

$$I = \int_{R^m} \exp\left\{-\frac{n}{2}x'\Sigma^{-1}x\right\} dx \qquad (2.2.2)$$

について考える．ここで $g(x) = x'\Sigma^{-1}x/2$, $h(x) = 1$ とすると，$\partial g/\partial x = \Sigma^{-1}x = 0$ より $\hat{x} = 0$, $\partial^2 g/\partial x_i \partial x_j = \sigma_{ij}$ より Laplace 積分を用いて

$$\hat{I} = \left(\frac{2\pi}{n}\right)^{m/2} |\Sigma|^{1/2}$$

となり，正確な値である．

【例 2.2.2】　Dirichlet 分布（例 2.1.4 の拡張）

$$I = \int_{\mathcal{D}} \prod_{i=1}^{m} x_i^{\alpha_i - 1}\left(1 - \sum_{i=1}^{m} x_i\right)^{\alpha_{m+1} - 1} dx_1 \cdots dx_m \qquad (2.2.3)$$

$$\mathcal{D} = \left\{(x_1, \ldots, x_m); 0 < x_i < 1, \quad i = 1, 2, \ldots, m, \quad 0 < \sum_{i=1}^{m} x_i < 1\right\}$$

について考える．ここで

$$g(x) = -\sum_{i=1}^{m} \alpha_i \log x_i - \alpha_{m+1} \log\left(1 - \sum_{i=1}^{m} x_i\right)$$

$$h(x) = \prod_{i=1}^{m} x_i^{-1} \left(1 - \sum_{i=1}^{m} x_i\right)^{-1}$$

とする．これより

$$\hat{x}_i = \frac{\alpha_i}{\alpha}, \quad i = 1, 2, \ldots, m, \quad \alpha = \sum_{i=1}^{m+1} \alpha_i$$

であり，また，

$$g''(\hat{x}) = \alpha^2 \left\{ \begin{bmatrix} 1/\alpha_1 & & 0 \\ & \ddots & \\ 0 & & 1/\alpha_m \end{bmatrix} + \frac{1}{\alpha_{m+1}} \ell\ell' \right\}, \quad \ell' = (1, 1, \ldots, 1)$$

より，式 (A.6.5) を用いて

$$\mid g''(\hat{x}) \mid = \alpha^{2m+1} \prod_{i=1}^{m+1} \frac{1}{\alpha_i}, \quad h(\hat{x}) = \alpha^{m+1} \prod_{i=1}^{m+1} \frac{1}{\alpha_i}$$

以上より Laplace 積分を用いて

$$\hat{I} = \prod_{i=1}^{m+1} \hat{\Gamma}(\alpha_i) / \hat{\Gamma}(\alpha)$$

となる．

　次の例は統計的多変量解析の議論を進める上で最も基本となる積分公式である．計算が多少細かいが，一度方法を理解すれば今後の議論は容易に進めることができる．

定理 2.2.2 （一般化ガンマ関数（例 2.1.2 の行列変数への拡張））

S を m 次正値対称行列，すなわち $S = S'$ とするとき，

$$\Gamma_m(a) = \int_{S>0} \mathrm{etr}(-S)\,|S|^{a-p}\,dS, \quad p = \frac{1}{2}(m+1) \tag{2.2.4}$$

ここで

$$\Gamma_m(a) = \pi^{\frac{1}{4}m(m-1)} \prod_{i=1}^{m} \Gamma\left(a - \frac{1}{2}(i-1)\right), \quad a > \frac{1}{2}(m-1),$$

$$dS = \prod_{i \geq j} ds_{ij}, \quad \mathrm{etr}(A) = \exp(\mathrm{tr}A)$$

である（Muirhead, 1982, 定理 2.1.11）．また，(2.2.4) の右辺の積分を行列変数のガンマ積分と言う．このとき，右辺の Laplace 近似は

$$\hat{\Gamma}_m(a) = \pi^{\frac{1}{4}m(m-1)} \prod_{i=1}^{m} \hat{\Gamma}\left(a - \frac{1}{2}(i-1)\right)$$

となる．

（証明） T を m 次下三角行列（$t_{ii} > 0$, $i = 1, 2, \ldots, m$, $-\infty < t_{ij} < \infty$, $1 \leq j < i \leq m$, $t_{ij} = 0$, $1 \leq i < j \leq m$）とするとき，変換 $S = TT'$ のヤコビアンは

$$J(S; T) = 2^m \prod_{i=1}^{m} t_{ii}^{m-i+1}$$

となる．なお，定理 A.5.2 では上三角行列の変換になっているが，同じ結果が得られることを確認．

ゆえに被積分関数は

$$\exp\left\{-\sum_{i=1}^{m} t_{ii}^2\right\} \prod_{i=1}^{m} (t_{ii}^2)^{a-\frac{1}{2}(i+1)} \cdot 2^m \prod_{i=1}^{m} dt_{ii}$$

$$\times \exp\left(-\sum_{i>j} t_{ij}^2\right) \prod_{i>j} dt_{ij}$$

となる．ここで $t_{ii}^2 = u_i$ $(i = 1, 2, \ldots, m)$ とすると

$$\exp\left\{-\sum_{i=1}^{m} u_i\right\} \cdot \prod_{i=1}^{m} u_i^{a-\frac{1}{2}(i+1)} du_i \cdot \prod_{i>j} \exp(-t_{ij}^2) dt_{ij}$$

となる. $(u_1,\ldots,u_m,t_{21},\ldots,t_{m,m-1})$ について積分すると

$$\prod_{i=1}^{m} \Gamma\left(a-\frac{1}{2}(i-1)\right) \pi^{\frac{1}{2}\cdot\frac{1}{2}m(m-1)} = \Gamma_m(a)$$

となる.

ここで上式に対する Laplace 積分を考える.

$$g(u_i,\ldots,u_m,t_{ij}(i>j)) = \sum_{i=1}^{m} u_i - \sum_{i=1}^{m}\left(a-\frac{1}{2}(i-1)\right)\log u_i + \sum_{i>j} t_{ij}^2$$

$$h(u_1,\ldots,u_m) = \prod_{i=1}^{m} u_i^{-1}$$

とすると,

$$\hat{u}_i = a - \frac{1}{2}(i-1), \quad \hat{t}_{ij} = 0$$

また, $\hat{g}''$ は $m(m+1)/2$ 次の対角行列で

$$\hat{g}'' = \text{diag}\left(\frac{1}{a}, \frac{1}{a-\frac{1}{2}},\ldots,\frac{1}{a-\frac{1}{2}(m-1)}, 2,\ldots,2\right)$$

よって

$$|\hat{g}''| = \prod_{i=1}^{m} \frac{1}{a-\frac{1}{2}(i-1)} 2^{\frac{1}{2}m(m-1)}$$

以上より Laplace 近似は

$$\pi^{\frac{1}{4}m(m-1)} \prod_{i=1}^{m} (2\pi)^{\frac{1}{2}} \left(a-\frac{1}{2}(i-1)\right)^{a-\frac{1}{2}(i-1)-\frac{1}{2}} \exp\left\{-\left(a-\frac{1}{2}(i-1)\right)\right\}$$

$$= \pi^{\frac{1}{4}m(m-1)} \prod_{i=1}^{m} \hat{\Gamma}\left(a-\frac{1}{2}(i-1)\right) \tag{2.2.5}$$

となる[1].   □

定理 2.2.3

$$B_m(a,b) = \int_{0 < V < I} |V|^{a-p} |I - V|^{b-p} \, dV = \frac{\Gamma_m(a)\Gamma_m(b)}{\Gamma_m(a+b)}, \quad p = \frac{1}{2}(m+1)$$

の Laplace 近似は

$$\hat{I} = \frac{\hat{\Gamma}_m(a)\hat{\Gamma}_m(b)}{\hat{\Gamma}_m(a+b)} \tag{2.2.6}$$

である. 上記の積分を行列変数のベータ積分という.

(証明)   定理 2.2.2 より,

$$\int_{X > 0} \mathrm{etr}(-X) |X|^{a-p} \, dX \cdot \int_{Y > 0} \mathrm{etr}(-Y) |Y|^{b-p} \, dY \tag{2.2.7}$$

において $X + Y = W$ とし, Y の成分 y_{ij} を W の成分 w_{ij} に変換させるとき, X の成分 x_{ij} は平行移動であるから $J(Y; W) = 1$ である. よって, 式 (2.2.7) は

$$= \int_{W > 0} \mathrm{etr}(-W) \int_{0 < X < W} |X|^{a-p} |W - X|^{b-p} \, dX dW$$

となる. また $X = W^{1/2} V W^{1/2}$ とすると, 定理 A.5.1(iii) より $J(X; V) = |W|^p$ であるから

$$\int_{W > 0} \mathrm{etr}(-W) |W|^{a+b-p} \, dW \cdot I$$

以上より積分の Laplace 近似より

---

[1] Butler and Wood (2003) は (2.2.5) において

$$(2\pi)^{\frac{1}{2}\frac{1}{2}m(m+1)} \exp\left(-\sum_{i=1}^{m} a + \sum_{i=1}^{m} \left(a - \frac{1}{2}(i-1)\right) \log a\right)$$

$$\times 2^{-\frac{1}{4}m(m-1)} \left(\prod_{i=1}^{m} a\right)^{1/2} \cdot \left(\prod_{i=1}^{m} a\right)^{-1}$$

$$= 2^{\frac{m}{2}} \pi^{\frac{1}{4}m(m+1)} a^{ma - \frac{1}{4}m(m+1)} \exp(-ma)$$

として近似している.

$$\hat{\Gamma}_m(a)\hat{\Gamma}_m(b) = \hat{\Gamma}_m(a+b) \cdot \hat{I}$$

となる. □

2.3 逐次 Laplace 近似

多変数の場合に Laplace 近似を 2 段階，3 段階と繰り返して近似する方法を逐次 Laplace 近似という.

$x' = (x_1, \ldots, x_s) = (x'_a, x'_b), \ x'_a = (x_1, \ldots, x_r), \ x'_b = (x_{r+1}, \ldots, x_s)$
とする.

Step1： $g(x)$ は領域 $\mathcal{D}$ で滑らかな関数で，$\hat{x}' = (\hat{x}'_a, \hat{x}'_b)$ で最小値 $\hat{g}(\hat{x})$ をとるとする.

$$\int_{\mathcal{D}} \exp(-g(x))dx = \int \left\{ \int \exp(-g(x_a, x_b))dx_a \right\} dx_b$$

において，最初に上式の $\{\cdots\}$ について Laplace 近似を行う. 定理 2.2.1 より

$$(2\pi)^{r/2} \left| \tilde{g}''_{aa}(\hat{x}_a(x_b), x_b) \right|^{-1/2} \exp\left[-\tilde{g}(\hat{x}_a(x_b), x_b) \right] \tag{2.3.1}$$

となる.

ここで，$\hat{x}_a(x_b)$ は x_b を固定したときに $g(x_a, x_b)$ を最小にするものである. また，

$$\left. \frac{\partial}{\partial x_a} g(x_a, x_b) \right|_{x_a = \hat{x}_a(x_b)} = 0$$

を満たし，

$$\tilde{g}''_{aa}(\hat{x}_a(x_b), x_b) = \left. \frac{\partial^2}{\partial x_a \partial x'_a} g(x_a, x_b) \right|_{x_a = \hat{x}_a(x_b)}$$

は r 次正値対称行列とする.

Step2： ここで，

$$h(\hat{x}_a(x_b), x_b) = \left| \tilde{g}''_{aa}(\hat{x}_a(x_b), x_b) \right|^{-1/2} \tag{2.3.2}$$

とおく．$\tilde{g}(\hat{x}_a(x_b), x_b)$ を x_b について最小にする値を $\hat{x}_b$ とすると，g が滑らかな関数であるから，$(\hat{x}_a(\hat{x}_b)', \hat{x}_b') = (\hat{x}_a', \hat{x}_b')$ である．

Step3：　さて，

$$
\begin{aligned}
\frac{\partial^2}{\partial x_b \partial x_b'} \tilde{g}(\hat{x}_a(x_b), x_b) &= \frac{\partial^2 \tilde{g}(\hat{x}_a(x_b), x_b)}{\partial x_b \partial x_a'} \cdot \frac{\partial \hat{x}_a(x_b)}{\partial x_b'} + \frac{\partial^2 \tilde{g}(\hat{x}_a(x_b), x_b)}{\partial x_b \partial x_b'} \\
&= \tilde{g}_{ba}''(\hat{x}_a(x_b), x_b) \cdot \frac{\partial \hat{x}_a}{\partial x_b'} + \tilde{g}_{bb}''(\hat{x}_a(x_b), x_b)
\end{aligned}
$$

また，$\tilde{g}_a'(\hat{x}_a(x_b), x_b) = 0$ より，

$$
\frac{\partial^2}{\partial x_a \partial x_b'} \tilde{g}(\hat{x}_a(x_b), x_b) = \frac{\partial^2 \tilde{g}(\hat{x}_a(x_b), x_b)}{\partial x_a \partial x_a'} \frac{\partial \hat{x}_a(x_b)}{\partial x_b'} + \frac{\partial^2 \tilde{g}(\hat{x}_a(x_b), x_b)}{\partial x_a \partial x_b'} = 0
$$

よって

$$
\begin{aligned}
\frac{\partial \hat{x}_a(x_b)}{\partial x_b'} &= -\left(\frac{\partial^2 \tilde{g}(\hat{x}_a(x_b), x_b)}{\partial x_a \partial x_a'} \right)^{-1} \left(\frac{\partial^2 \tilde{g}(\hat{x}_a(x_b), x_b)}{\partial x_a \partial x_b'} \right) \qquad (2.3.3) \\
&= -\left(\tilde{g}_{aa}'' \right)^{-1} \tilde{g}_{ab}''
\end{aligned}
$$

ゆえに，

$$
\frac{\partial^2}{\partial x_b \partial x_b'} \tilde{g}(\hat{x}_a(x_b), x_b) = \tilde{g}_{bb}'' - \tilde{g}_{ba}'' \left(\tilde{g}_{aa}'' \right)^{-1} \tilde{g}_{ab}''
$$

ここで，$\hat{x}_a(\hat{x}_b) = \hat{x}_a$ であり，$\tilde{g}_{bb}'' = \hat{g}_{bb}''(\hat{x})$，$\tilde{g}_{ba}'' = \hat{g}_{ba}''(\hat{x})$，$\tilde{g}_{aa}'' = \hat{g}_{aa}''(\hat{x})$ であるから

$$
\left. \frac{\partial^2}{\partial x_b \partial x_b'} \tilde{g}(\hat{x}_a(x_b), x_b) \right|_{x_b = \hat{x}_b} = \hat{g}_{bb}'' - \hat{g}_{ba}'' \left(\hat{g}_{aa}'' \right)^{-1} \hat{g}_{ab}'' \qquad (2.3.4)
$$

となる．

以上より，逐次 Laplace 近似は付録 A.6(3) を用いて

$$
\begin{aligned}
&(2\pi)^{r/2} \left| \hat{g}_{aa}'' \right|^{-1/2} \cdot (2\pi)^{(s-r)/2} \left| \hat{g}_{bb}'' - \hat{g}_{ba}''(\hat{g}_{aa}'')^{-1}\hat{g}_{ab}'' \right|^{-1/2} \exp\left\{ -g\left(\hat{x}_a, \hat{x}_b \right) \right\} \\
&= (2\pi)^{s/2} \left| \hat{g}'' \right|^{-1/2} \exp(-\hat{g}) \qquad (2.3.5)
\end{aligned}
$$

として一致する．

第 **3** 章

多変量分布の鞍点近似

3.1 多変量分布の鞍点近似

m 次元確率ベクトル $X' = (X_1, \ldots, X_m)$ の確率（密度）関数の鞍点近似は，1 次元の場合である．定理 1.2.1 の自然な拡張として次のように表示される．

定理 3.1.1

連続確率ベクトル $x \in \mathbf{R}^m$ の密度関数の鞍点近似は

$$\hat{f}(x) = \frac{1}{(2\pi)^{m/2} \left| K''(\hat{t}) \right|^{1/2}} \exp[K(\hat{t}) - \hat{t}'x] \tag{3.1.1}$$

ここで $\left. \dfrac{\partial K}{\partial t} \right|_{t=\hat{t}} = x$ を満たし，$K''(\hat{t}) = \left. \dfrac{\partial^2 K}{\partial t \partial t'} \right|_{t=\hat{t}}$ である．

系 3.1.1

m 次元離散型確率ベクトル $k' = (k_1, \ldots, k_m)$, $k_i = 0, \pm 1, \pm 2, \ldots$, $t = 1, 2, \ldots, m$ の確率関数 $p(k)$ の鞍点近似は

$$\hat{p}(k) = \frac{1}{(2\pi)^{m/2} \left| K''(\hat{t}) \right|^{1/2}} \exp[K(\hat{t}) - \hat{t}'k]$$

であり，

$$\left.\frac{\partial K}{\partial t}\right|_{t=\hat{t}} = k, \quad K''(\hat{t}) = \left.\frac{\partial^2 K}{\partial t \partial t'}\right|_{t=\hat{t}}$$

である.

【例 3.1.1】 $N_m(\mu, \Sigma)$ の場合，正規密度関数の鞍点近似は正確に一致する．多次元への拡張も $K(t) = \mu + \frac{1}{2}t'\Sigma t$ であるから容易に一致であることが示される.

【例 3.1.2】 負の二項分布

1 回の試行で互いに排反な事象 $A_1, \ldots, A_m, A_{m+1}$ の内のどれかが確率 $\theta_1, \ldots, \theta_m, \theta_{m+1}$ $(\theta_1 + \cdots + \theta_{m+1} = 1)$ で起きるとする．事象 A_{m+1} が n 回起きるまでに事象 $A_1, \ldots, A_m$ が起きる回数を $X_1, \ldots, X_m$ とするとき，確率ベクトル $X' = (X_1, \ldots, X_m)$ の同時確率は

$$P\{X_1 = x_1, \ldots, X_m = x_m\} = \frac{\Gamma(n + \sum_{i=1}^m x_i)}{\prod_{i=1}^m x_i!\Gamma(n)} \prod_{i=1}^m \theta_i^{x_i}\theta_{m+1}^n$$

$$x_i = 0, 1, 2, \ldots, \quad i = 1, 2, \ldots, m+1$$

である．このとき X の分布を負の二項分布といい，$X \sim NBi(n, \theta_1, \ldots, \theta_m, \theta_{m+1})$ と表す（例 1.2.5 は $m = 1$ の場合である）．

キュムラント母関数は

$$K(t_1, \ldots, t_m) = n\log\theta_{m+1} - n\log(1 - F),$$

$$F = \sum_{i=1}^m \theta_i \exp(t_i)$$

となる．これより鞍点は

$$n\theta_i \exp(\hat{t}_i) = \frac{x_i}{1 + \bar{x}}, \quad \bar{x} = \sum_{i=1}^m \frac{x_i}{n}, \quad i = 1, 2, \ldots, m$$

となる．また,

$$\left|K''(\hat{t})\right| = \left(n + \sum_{i=1}^{m} x_i\right) \prod_{i=1}^{m} \frac{x_i}{n}$$

$$\exp\left(-\sum_{i=1}^{m} \hat{t}_i x_i\right) = \prod_{i=1}^{m} \left(\frac{\theta_i}{x_i}\right)^{x_i} \left(n + \sum_{i=1}^{m} x_i\right)^{n\bar{x}}$$

よって，確率関数の鞍点近似は

$$\frac{\hat{\Gamma}\left(n + \sum_{i=1}^{m} x_i\right)}{\prod_{i=1}^{m} \widehat{x_i!}\,\hat{\Gamma}(n)} \theta_{m+1}^{n} \prod_{i=1}^{m} \theta_i^{x_i}$$

である．ここで $\widehat{x_i!}$ は (1.2.5) を参照.

【例 3.1.3】 Moran-Downton 分布

(x_1, x_2) の同時密度関数を

$$f(x_1, x_2) = \frac{\theta_1 \theta_2}{1 - \rho} \exp\left\{-\frac{\theta_1 x_1 + \theta_2 x_2}{1 - \rho}\right\} \sum_{k=0}^{\infty} \frac{\rho^k \theta_1^k \theta_2^k x_1^k x_2^k}{(k!)^2 (1 - \rho)^{2k}}$$

$$x_1 > 0, \quad x_2 > 0, \quad \theta_1 > 0, \quad \theta_2 > 0, \quad 1 > \rho > 0$$

とするとき，この分布を Moran-Downton 分布という (Moran, 1967; Downton, 1970).

相関係数 ρ をもつ美しい形の密度関数の鞍点近似は大変に複雑な形をしており，興味のある読者にその導出を委ねたい．なお参考までに，

$$K(t_1, t_2) = \log\{\theta_1 \theta_2 (1 - \rho)\} - \log\{F(t_1, t_2) - \rho\theta_1\theta_2\},$$

$$F(t_1, t_2) = (\theta_1 - (1 - \rho)t_1)(\theta_2 - (1 - \rho)t_2)$$

であり，鞍点および $|\hat{K}''|$ は

$$\hat{t}_i = \frac{\theta_i}{1 - \rho} - \frac{1}{2x_i(1 - \rho)}(1 - \rho + \sqrt{D}), \quad i = 1, 2$$

$$D = (1 - \rho)^2 + 4\rho\theta_1\theta_2 x_1 x_2$$

$$\left| K''(\hat{t}_1, \hat{t}_2) \right|^{-1/2} = \frac{1}{(1 - \rho)^2} \frac{[F(\hat{t}_1, \hat{t}_2) - \rho\theta_1\theta_2]^{1/2}}{[F(\hat{t}_1, \hat{t}_2) + \rho\theta_1\theta_2]^{1/2}}$$

である.

定理 3.1.2

m 次元ランダムサンプル $X_1, \ldots, X_n$ の平均値 $\bar{X} = \sum_{i=1}^{n} X_i/n$ の密度
関数の鞍点近似は

$$\hat{f}(\bar{x}) = \left(\frac{n}{2\pi}\right)^{n/2} \frac{1}{\left|K''(\hat{t})\right|^{1/2}} \exp[n\{K(\hat{t}) - \hat{t}'\bar{x}\}] \tag{3.1.2}$$

となる. 鞍点 $\hat{t}$ は, $\left.\dfrac{\partial K}{\partial t_i}\right|_{t=\hat{t}} = \bar{x}_i,\ i = 1, 2, \ldots, m$ を満たし

$$K''(\hat{t}) = \left(\frac{\partial^2 K}{\partial t_i \partial t_j}\right)\Big|_{t=\hat{t}}$$

である. また漸近展開は,

$$\hat{g}(\bar{x}) = \hat{f}(\bar{x})\left[1 + \frac{1}{n}\hat{R}\right] + O\left(\frac{1}{n^2}\right)$$

$$\hat{R} = \frac{\hat{K}_4}{8} - \frac{1}{24}(2\hat{K}_{23}^2 + 3\hat{K}_{13}^2)$$

$$\hat{K}_4 = \hat{K}_{ijk\ell}\hat{K}^{ij}\hat{K}^{k\ell}$$

$$\hat{K}_{23}^2 = \hat{K}_{ijk}\hat{K}_{rst}\hat{K}^{ir}\hat{K}^{js}\hat{K}^{kt}$$

$$\hat{K}_{13}^2 = \hat{K}_{ijk}\hat{K}_{rst}\hat{K}^{ij}\hat{K}^{kr}\hat{K}^{st}$$

となる. なお

$$K_{ijk} = \frac{\partial^3 K}{\partial t_i \partial t_j \partial t_k}\Big|_{t=\hat{t}}, \quad K_{ijk\ell} = \frac{\partial^4 K}{\partial t_i \partial t_j \partial t_k \partial t_\ell}\Big|_{t=\hat{t}}$$

$$(\hat{K}^{ij}) = (\hat{K}_{ij})^{-1} = \left(\frac{\partial K}{\partial t_i \partial t_j}\right)^{-1}\Big|_{t=\hat{t}}$$

である.

(証明)　$\bar{X}$ の密度関数は

$$f(\bar{x}) = \frac{1}{(2\pi i)^m} \int \cdots \int \exp[n\{K(t) - t'\bar{x}\}]dt$$

である.

鞍点 $\hat{t}' = (\hat{t}_1, \ldots, \hat{t}_m)$ は, $\left. \dfrac{\partial K}{\partial t_i} \right|_{t=\hat{t}} = \bar{x}_i,\ i = 1, 2, \ldots, m$ を満たすとき, 被積分関数を $t = \hat{t}$ で Taylor 展開し, $t - \hat{t} = iu$ として積分することにより (3.1.2) を得る. また, 漸近展開は Laplace 積分 (2.2.1) の導出と同様にして得られる. □

3.2 条件付き密度関数

m 次元確率ベクトル (X', Y'), $X \in \boldsymbol{R}^{m_1}$, $Y \in \boldsymbol{R}^{m_2}$, $m = m_1 + m_2$ の同時密度関数を $f(x, y)$, X の周辺密度関数を $g(x)$ とする. このとき, $X = x$ を固定したときの Y の条件付き密度関数は

$$f(y \mid x) = \frac{f(x, y)}{g(x)}$$

として定義される.

$f(x, y)$, $g(x)$ の鞍点密度関数を $\hat{f}(x, y)$, $\hat{g}(x)$ とするとき, 条件付き密度関数の鞍点近似を

$$\hat{f}(y \mid x) = \frac{\hat{f}(x, y)}{\hat{g}(x)} \tag{3.2.1}$$

と定義し, 二重鞍点近似という.

定理 3.2.1

$f(y \mid x)$ の二重鞍点近似は

$$
\begin{aligned}
\hat{f}(y \mid x) = \frac{1}{(2\pi)^{m_2/2}} &\left\{ \frac{\mid K''_{ss}(\hat{s}_0, 0) \mid}{\mid K''(\hat{s}, \hat{t}) \mid} \right\}^{1/2} \\
&\times \exp[\{K(\hat{s}, \hat{t}) - (\hat{s}'x + \hat{t}'y)\} - \{K(\hat{s}_0, 0) - \hat{s}_0'x\}]
\end{aligned} \tag{3.2.2}
$$

として与えられる. このとき,

$$K''_{ss} = \frac{\partial^2 K}{\partial s \partial s'}, \ K''_{st} = \frac{\partial^2 K}{\partial s \partial t'}, \ K''_{ts} = \frac{\partial^2 K}{\partial t \partial s'}, \ K''_{tt} = \frac{\partial^2 K}{\partial t \partial t'}$$

$$K'' = \begin{bmatrix} K''_{ss} & K''_{st} \\ K''_{ts} & K''_{tt} \end{bmatrix}$$

である．ここで

$$\frac{\partial K(t,s)}{\partial s} = x, \ \frac{\partial K(t,s)}{\partial t} = y$$

の解を $(\hat{s}', \hat{t}')$ とする．また，

$$\frac{\partial K(s,0)}{\partial s} = x$$

の解を $\hat{s}_0$ とする．$\hat{f}(x,y)$ と $\hat{g}(x)$ は

$$\hat{f}(x,y) = \frac{1}{(2\pi)^{m/2}} \frac{1}{\mid K''(\hat{s},\hat{t}) \mid^{1/2}} \exp\{K(\hat{s},\hat{t}) - (\hat{s}'x + \hat{t}'y)\}$$

$$\hat{g}(x) = \frac{1}{(2\pi)^{m_1/2}} \frac{1}{\mid K''_{ss}(\hat{s}_0,0) \mid^{1/2}} \exp\{K(\hat{s}_0,0) - \hat{s}'_0 x\}$$

であるから，二重鞍点近似は (3.2.2) となる．ここで，次式を理解しておくことは重要である．

$$K(\hat{s},\hat{t}) - (\hat{s}'x + \hat{t}'y) = \inf_{(s,t)}\{K(s,t) - (s'x + t'y)\}$$

$$\leq \inf_s\{K(s,0) - s'x\} = K(\hat{s}_0,0) - \hat{s}'_0 x \quad (3.2.3)$$

【例 3.2.1】 $(X', Y') \sim N_m(0, \Sigma)$, $X \in \mathbf{R}^{m_1}$, $Y \in \mathbf{R}^{m_2}$, $m = m_1 + m_2$ とする．共分散行列 $\Sigma = (\Sigma_{ij})$, $i, j = 1, 2$, Σ_{ij} は $m_i \times m_j$ 行列と分割する．付録 A.6(5) を用いて，

$$Y \mid (X = x) \sim N_{m_2}(\Sigma_{21}\Sigma_{11}^{-1}x, \Sigma_{22\cdot1}), \quad \Sigma_{22\cdot1} = \Sigma_{22} - \Sigma_{21}\Sigma_{11}^{-1}\Sigma_{12}$$

であるから鞍点近似と一致する．

【例 3.2.2】 X_i, $i = 1, 2, \ldots, m+1$ は互いに独立なガンマ確率変数で

$\mathrm{Ga}(\alpha_i, 1)$ とする（付録 A.4.2）．また，$X = \sum_{i=1}^{m+1} X_i$, $Y_i = X_i$, $i = 1, 2, \ldots, m$, $Y = (Y_1, \ldots, Y_m)'$ とする．

$(X, Y_1, \ldots, Y_m)$ の同時積率母関数は

$$M(s, t_1, \ldots, t_m) = \prod_{i=1}^{m} \frac{1}{(1 - s - t_i)^{\alpha_i}} \frac{1}{(1 - s)^{\alpha_{m+1}}}$$

であり，鞍点は

$$\hat{s} = 1 - \frac{\alpha_{m+1}}{x_{m+1}}, \quad \hat{t}_i = \frac{\alpha_{m+1}}{x_{m+1}} - \frac{\alpha_i}{x_i}, \quad i = 1, 2, \ldots, m$$

となる．ここで

$$\mid K''(\hat{s}, \hat{t}_1, \ldots, \hat{t}_m) \mid = \prod_{i=1}^{m+1} \frac{x_i^2}{\alpha_i}$$

である．これより $(X, Y_1, \ldots, Y_m)$ の密度関数の鞍点近似は

$$\hat{f}(x, y_1, \ldots, y_m)$$
$$= \frac{1}{(2\pi)^{\frac{1}{2}(m+1)} \left(\prod_{i=1}^{m+1} \frac{x_i^2}{\alpha_i} \right)^{1/2}} \prod_{i=1}^{m+1} \left(\frac{x_i}{\alpha_i} \right)^{\alpha_i} \exp\left(-x + \sum_{i=1}^{m+1} \alpha_i \right)$$

となる．

次に $K(s, 0, \ldots, 0) = -\left(\sum_{i=1}^{m+1} \alpha_i\right) \log(1 - s)$ より，

$$\hat{s}_0 = 1 - \frac{1}{x} \sum_{i=1}^{m+1} \alpha_i$$
$$K''(\hat{s}_0, 0, \ldots, 0) = \frac{x^2}{\sum_{i=1}^{m+1} \alpha_i}$$

となり，X の周辺密度関数の鞍点近似は

$$\hat{g}(x) = \frac{1}{(2\pi)^{1/2} \left(\frac{x^2}{\sum_{i=1}^{m+1} \alpha_i} \right)^{1/2}} \prod_{i=1}^{m+1} \left(\frac{x}{\sum_{i=1}^{m+1} \alpha_i} \right)^{\alpha_i} \exp\left(-x + \sum_{i=1}^{m+1} \alpha_i \right)$$

よって，条件付き密度関数の鞍点近似は

$$\hat{f}(y \mid x) = \frac{\hat{\Gamma}\left(\sum_{i=1}^{m+1} \alpha_i\right)}{\prod_{i=1}^{m+1} \hat{\Gamma}(\alpha_i)} \prod_{i=1}^{m} \left(\frac{y_i}{x}\right)^{\alpha_i - 1} \left(1 - \sum_{i=1}^{m} \frac{y_i}{x}\right)^{\alpha_{m+1} - 1} \cdot \frac{1}{x^m}$$

となり，Dirichlet 分布の鞍点近似と一致する．

【例 3.2.3】　確率変数 X_i, $i = 1, 2, \ldots, m+1$ は互いに独立な Poisson 確率変数とする．$X_i \sim Po(\lambda_i)$, $X = \sum_{i=1}^{m+1} X_i$, $Y_i = X_i$, $i = 1, 2, \ldots, m$ とするとき，$(Y_1, \ldots, Y_m \mid X = x)$ の条件付き確率の鞍点近似は

$$\hat{P}(y_1, \ldots, y_m \mid X = x) = \frac{\widehat{x!}}{\prod_{i=1}^{m+1} \widehat{x_i!}} \prod_{i=1}^{m+1} p_i^{x_i}, \quad p_i = \lambda_i \left(\sum_{i=1}^{m+1} \lambda_i\right)^{-1},$$
$$i = 1, 2, \ldots, m+1$$

となり，例 3.2.2 と同様にして得られる．多項確率変数の確率分布の鞍点近似である．

3.3　条件付き分布関数

(X, Y) において，Y は 1 次元とする．このとき，条件付き分布関数を

$$F(y \mid x) = P\{Y \leq y \mid X = x\}$$

とする．条件付き分布関数についても Lugannani-Rice の公式（定理 1.3.2）と同様の表現が得られることは興味深い．

定理 3.3.1 （Skovgaard の公式：Skovgaard, 1987）
　$F(y \mid x)$ の鞍点近似は

$$\hat{F}(y \mid x) = \Phi(\hat{w}) + \phi(\hat{w}) \left\{\frac{1}{\hat{w}} - \frac{1}{\hat{u}}\right\}, \quad \hat{t} \neq 0 \qquad (3.3.1)$$

となる．ここで

$$\hat{w} = \text{sgn}(\hat{t})\sqrt{2[\{K(\hat{s}_0,0) - \hat{s}_0'x\} - \{K(\hat{s},\hat{t}) - \hat{s}'x - \hat{t}y\}]}$$

$$\hat{u} = \hat{t}\sqrt{\left|K''(\hat{s},\hat{t})\right| / \left|K_{ss}''(\hat{s}_0,0)\right|}$$

である.

(証明) 密度関数の二重鞍点近似により分布関数は

$$\hat{F}(z \mid x) = \int_{-\infty}^{z} \left\{ \frac{\left|K''(\hat{s},\hat{t})\right|}{\left|K_{ss}''(\hat{s}_0,0)\right|} \right\}^{-1/2} \phi(\hat{w})dy$$

である. ここで, y から $\hat{w}$ への変換のヤコビアンを求め, Temme の公式（定理 1.3.4）に適用すると

$$\frac{1}{2}\hat{w}^2 = \{K(\hat{s}_0,0) - \hat{s}_0'x\} - \{K(\hat{s},\hat{t}) - (\hat{s}'x + \hat{t}y)\}$$

となる. □

補題 3.3.1

$$\frac{dy}{d\hat{w}} = \begin{cases} \hat{w}/\hat{t}, & \hat{t} \neq 0 \\ \sqrt{\left|K''(\hat{s},\hat{t})\right| / \left|K_{ss}''(\hat{s}_0,0)\right|}, & \hat{t} = 0 \end{cases} \tag{3.3.2}$$

(証明) $\hat{s}_0$ は固定値であることに注意して

$$\hat{w}\frac{d\hat{w}}{dy} = -\frac{\partial K}{\partial \hat{s}}\frac{\partial \hat{s}}{\partial y} - \frac{\partial K}{\partial \hat{t}}\frac{\partial \hat{t}}{\partial y} + \frac{\partial \hat{s}}{\partial y}x + \frac{\partial \hat{t}}{\partial y}y + \hat{t}$$

となる. ここで

$$\frac{\partial K}{\partial \hat{s}} = x, \quad \frac{\partial K}{\partial \hat{t}} = y$$

であるから, $\hat{t} \neq 0$ のとき

$$\frac{\partial y}{\partial \hat{w}} = \frac{\hat{w}}{\hat{t}}$$

である.

次に $\hat{t} = 0$ の場合, $\hat{w} = 0$ となるので,

$$\lim_{\hat{t} \to 0} \frac{\hat{w}}{\hat{t}}$$

として求める. ここで

$$\frac{1}{2}\hat{w}^2 = g(0) - g(\hat{t}), \quad g(t) = K(\hat{s}_t, t) - \hat{s}_t' x - ty$$

とおく. $\hat{s}_t$ は $K_s'(\hat{s}_t, t) = x$ の解とする. $g(0)$ を $t = \hat{t}$ のまわりで Taylor 展開すると,

$$g(0) = g(\hat{t}) - g'(\hat{t})\hat{t} + \frac{1}{2}g''(\hat{t})\hat{t}^2 + O(\hat{t}^3)$$

となる. ここで

$$g'(t) = K_s'(\hat{s}_t, t)\frac{\partial \hat{s}_t}{\partial t} + K_t'(\hat{s}_t, t) - \frac{\partial \hat{s}_t}{\partial t}x - y$$
$$= K_t'(\hat{s}_t, t) - y$$

である. これより $g'(\hat{t}) = 0$ となる. また, $K_s'(\hat{s}_t, t) = x$ より

$$K_{ss}''(\hat{s}_t, t)\frac{\partial \hat{s}_t}{\partial t} + K_{st}''(\hat{s}_t, t) = 0$$

よって

$$\frac{\partial \hat{s}_t}{\partial t} = -(K_{ss}''(\hat{s}_t, t))^{-1}K_{st}''(\hat{s}_t, t)$$

さて, $g'(t) = K_t'(\hat{s}_t, t) - y$ より

$$g''(t) = K_{ts}''(\hat{s}_t, t)\frac{\partial \hat{s}_t}{\partial t} + K_{tt}''(\hat{s}_t, t)$$
$$= K_{tt}''(\hat{s}_t, t) - K_{ts}''(\hat{s}_t, t)(K_{ss}''(\hat{s}_t, t))^{-1}K_{st}''(\hat{s}_t, t)$$
$$= \frac{|K''(\hat{s}_t, t)|}{|K_{ss}''(\hat{s}_t, t)|}$$

以上をまとめると,

$$\frac{1}{2}\hat{w}^2 = \frac{1}{2}\left\{\frac{|K''(\hat{s}_t, t)|}{|K_{ss}''(\hat{s}_t, 0)|}\right\}\hat{t}^2 + O(\hat{t}^3)$$

よって

$$\lim_{\hat{t} \to 0}\left(\frac{\hat{w}}{\hat{t}}\right)^2 = \frac{|K''(\hat{s}_0, 0)|}{|K_{ss}''(\hat{s}_0, 0)|}$$

$\mathrm{sgn}(\hat{t}) = \mathrm{sgn}(\hat{w})$ より $dy/d\hat{w} > 0$ となり, 変換は単調増加であり

$$\lim_{\hat{t}\to 0}\left(\frac{\hat{w}}{\hat{t}}\right)=\left[\frac{|K''(\hat{s}_0,0)|}{|K''_{ss}(\hat{s}_0,0)|}\right]^{1/2}$$

が得られる. □

補題 3.3.1 より条件付き密度関数は

$$\int_{-\infty}^{z}f(y\mid x)dy=\int_{-\infty}^{\hat{w}_2}\left\{\frac{|K''(\hat{s},\hat{t})|}{|K''_{ss}(\hat{s}_0,0)|}\right\}^{-1/2}\frac{\hat{w}}{\hat{t}}\phi(\hat{w})d\hat{w}$$
$$=\int_{-\infty}^{\hat{w}_2}h(\hat{w})\phi(\hat{w})d\hat{w}$$

となる. ここで,

$$h(\hat{w})=\left\{\frac{|K''(\hat{s},\hat{t})|}{|K''_{ss}(\hat{s}_0,0)|}\right\}^{-1/2}\frac{\hat{w}}{\hat{t}}$$

とすると, $\hat{t}\to 0$ は $\hat{w}\to 0$ より

$$\lim_{\hat{w}\to 0}h(\hat{w})=1$$

となる. よって Temme の公式を用いて

$$\int_{-\infty}^{z}f(y\mid x)dy=\Phi(\hat{w}_z)+\phi(\hat{w}_z)\left(\frac{1-h(\hat{w}_z)}{\hat{w}_z}\right)$$
$$=\Phi(\hat{w}_z)+\phi(\hat{w}_z)\left(\frac{1}{\hat{w}_z}-\frac{1}{\hat{u}_z}\right)$$

となる.

補足 3.3.1（条件付き分布関数の Skovgaard の別導出法）
Skovgaard (1987) は上側確率の導出について非常に技巧的で興味深い方法を提示しているが, 興味のある読者はその美しさを味わってほしい.
$(\bar{X},\bar{Y})$ の密度関数の反転公式は

$$f(\bar{x}, \bar{y}) = \left(\frac{n}{2\pi i}\right)^2 \int_{-i\infty}^{i\infty} \int_{-i\infty}^{i\infty} \exp[n\{K(s,t) - s\bar{x} - t\bar{y}\}]dsdt$$

である. また $\bar{X} = \bar{x}$ を固定したときの $\bar{Y}$ の上側確率は

$$R(\bar{y} \mid \bar{x}) = \int_{\bar{y}}^{\infty} f(\bar{x}, z)dz$$

$$= \left(\frac{n}{2\pi i}\right)^2 \int_{c-i\infty}^{c+i\infty} \left\{\int_{-i\infty}^{i\infty} \exp[n\{K(s,t) - s\bar{x} - t\bar{y}\}]ds\right\} \frac{dt}{t} \qquad (3.3.3)$$

である. ここで $c > 0$ とし, 積分路が $t = 0$ における特異点を避けるためのもので
ある. なお, $R(\bar{y} \mid \bar{x})$ は $\bar{x}$ を固定したときの条件付き確率ではないことに注意せよ.

Step1: t を固定したときの s に関する積分は Laplace 近似より,

$$\frac{n}{2\pi i} \int_{-i\infty}^{i\infty} \exp[n\{K(s,t) - s\bar{x} - t\bar{y}\}]ds$$

$$= \frac{n}{2\pi} \sqrt{\frac{2\pi}{nK_{ss}''(\hat{s}_t, t)}} \exp[n\{K(\hat{s}_t, t) - \hat{s}_t\bar{x} - t\bar{y}\}]$$

$$= \left(\frac{n}{2\pi}\right)^{1/2} \exp[ng(t)]\{K_{ss}''(\hat{s}_t, t)\}^{-1/2}$$

ここで

$$g(t) = K(\hat{s}_t, t) - \hat{s}_t\bar{x} - t\bar{y}$$

である. ゆえに,

$$R(\bar{y} \mid \bar{x}) = \left(\frac{n}{2\pi}\right)^{1/2} \frac{1}{2\pi i} \int_{c-i\infty}^{c+i\infty} \exp[ng(t)]\{K_{ss}''(\hat{s}_t, t)\}^{-1/2} \frac{dt}{t}$$

となる.

Step2: $(\hat{s}, \hat{t})$ と $\hat{s}_t$ の関係は

$$\begin{cases} K_s''(s,t) = \bar{x} \text{ の解を} \hat{s}_t \text{とし}, K_s'(\hat{s}_t, t) = \bar{x} \text{を満たす.} \\ K_s'(s,t) = \bar{x}, K_t'(s,t) = \bar{y} \text{ の同時解を } (\hat{s}, \hat{t}) \text{ とする.} \\ K_s'(\hat{s}, t) = \bar{x}, K_t'(\hat{s}, t) = \bar{y} \text{ の解は } (\hat{s}, \hat{t}) \text{ と一致する.} \end{cases}$$

となる. ここで, $K_t'(\hat{s}_t, t)$ は $K(s,t)$ を t について偏微分して, $s = \hat{s}_t$ としたもの
である. 以上より

$$g'(t) = K_t'(\hat{s}_t, t) - \bar{y}, \quad g''(t) = |K''(\hat{s}_t, t)| / K_{ss}''(\hat{s}_t, t)$$

$$g(\hat{t}) = K(\hat{s}, \hat{t}) - \hat{s}\bar{x} - \hat{t}\bar{y}$$

となる.

Step3: 次に, $0 \leq w \leq \hat{w}$ の w と t の変換を考える.

$$\frac{1}{2}(w - \hat{w})^2 = g(t) - g(\hat{t}) \tag{3.3.4}$$

$$\frac{1}{2}\hat{w}^2 = g(0) - g(\hat{t}), \quad \mathrm{sgn}(\hat{t}) = \mathrm{sgn}(\hat{w})$$

とする. $c = \hat{w}$ として

$$R(\bar{y} \mid \bar{x})$$
$$= \left(\frac{n}{2\pi}\right)^{1/2} \exp[ng(\hat{t})]\frac{1}{2\pi i} \int_{\hat{w}-i\infty}^{\hat{w}+i\infty} \exp\left[\frac{1}{2}(w - \hat{w})^2\right] h(w)\frac{dw}{w}$$

$$h(w) = \frac{dt}{dw}\frac{w}{t}(K_{ss}''(\hat{s}_t, t))^{-1/2}$$

となる.

$\hat{t} \to 0$ のとき $\hat{w} \to 0$ より, l'Hôpital の定理より,

$$h(0) = (K_{ss}''(\hat{s}_0, 0))^{-1/2}$$

となる. また (3.3.4) を 2 回微分すると

$$(w - \hat{w})\frac{d^2w}{dt^2} + \left(\frac{dw}{dt}\right)^2 = g''(t)$$

となる. ここで, $w = \hat{w}$ とすると, $t = \hat{t}$ より,

$$\left(\frac{dw}{dt}\right)^2 = \frac{|K''(\hat{s}, \hat{t})|}{|K_{ss}''(\hat{s}_t, t)|}$$

よって

$$h(\hat{w}) = \left(\frac{K_{ss}''(\hat{s}_t, t)}{|K''(\hat{s}, \hat{t})|}\right)^{1/2} \frac{\hat{w}}{\hat{t}}(K_{ss}''(\hat{s}_t, t))^{-1/2}$$
$$= \frac{\hat{w}}{\hat{t}}(K''(\hat{s}, \hat{t}))^{-1/2}$$

となる.

Step4： ここで $h(w)$ を線形近似して,

$$h(w) = h(0) + \frac{w}{\hat{w}}(h(\hat{w}) - h(0))$$

とすると,

$$R(\bar{y} \mid \bar{x})$$
$$= \left(\frac{n}{2\pi}\right)^{1/2} h(0) \exp[ng(0)]\frac{1}{2\pi i} \exp\left(-\frac{n}{2}\hat{w}^2\right)$$
$$\times \int_{\hat{w}-i\infty}^{\hat{w}+i\infty} \exp\left(\frac{n}{2}(w - \hat{w})^2\right)\left[\frac{1}{w} + \frac{1}{\hat{w}}\left(\frac{h(\hat{w})}{h(0)} - 1\right)\right] dw$$

$$= \left(\frac{n}{2\pi}\right)^{1/2} [K_{ss}''(\hat{s}_0,0)]^{-1/2} \exp[-n(\hat{s}_0\bar{x} - K(\hat{s}_0,0))]$$

$$\times \left[1 - \Phi(\sqrt{n}\hat{w}) + \phi(\sqrt{n}\hat{w}) \cdot \frac{1}{\sqrt{n}\hat{w}} \left(\frac{h(\hat{w})}{h(0)} - 1\right)\right]$$

$$= \hat{f}(\bar{x})\left[1 - \Phi(\sqrt{n}\hat{w})\right.$$

$$\left. + \phi(\sqrt{n}\hat{w})\left\{\frac{1}{\sqrt{n}\hat{t}\{|K''(\hat{s},\hat{t})|/K_{ss}''(\hat{s}_0,0)\}^{1/2}} - \frac{1}{\sqrt{n}\hat{w}}\right\}\right]$$

よって，$\hat{f}(\bar{x})$ は $\bar{x}$ の周辺密度関数の鞍点近似であるから，$R(\bar{y} \mid \bar{x})/\hat{f}(\bar{x})$ は条件付き上側確率と一致する.

定理 3.3.2

Y_i, $i = 1, 2, \ldots, n$ は整数値をとる離散型確率変数とし，X_i, $i = 1, 2, \ldots, n$ は連続型確率変数とする. このとき

$$P\{\bar{Y} \geq \bar{y} \mid \bar{X} = \bar{x}\} = 1 - \Phi(\sqrt{n}\hat{w})$$

$$+ \phi(\sqrt{n}\hat{w})\left[\frac{(K_{ss}''(\hat{s}_0,t))^{1/2}}{\sqrt{n}(1 - e^{-\hat{t}})\left|K''(\hat{s},\hat{t})\right|^{1/2}} - \frac{1}{\sqrt{n}\hat{w}}\right]$$

$$(3.3.5)$$

であり，$\hat{s}_0$ は $K_s'(\hat{s}_0,0) = \bar{x}$ を満たし，$(\hat{s},\hat{t})$ は $K_s'(\hat{s},\hat{t}) = \bar{x}$, $K_t'(\hat{s},\hat{t}) = \bar{y}$ を満たす.

$$\hat{w} = \mathrm{sgn}(\hat{t})\left[2\{\hat{s}\bar{x} + \hat{t}\bar{y} - K(\hat{s},\hat{t})\} - 2\{\hat{s}_0\bar{x} - K(\hat{s}_0,0)\}\right]$$

である.

(証明) 定理 1.3.4 の結果を用いて得られる. □

系 3.3.1

Y_i, $i = 1, 2, \ldots, n$ が整数値をとる離散型確率変数とするとき，連続型確率変数による上側確率で近似するのに有効な半整数補正を

$$\tilde{Y} = \bar{Y} - \frac{1}{2n}$$

とするとき，

$$P\{\bar{Y} \geq \tilde{y} \mid \bar{X} = \bar{x}\} = 1 - \Phi(\sqrt{n}\tilde{w})$$
$$+ \phi(\sqrt{n}\tilde{w}) \left[\frac{(K_{ss}''(\hat{s}_0, 0))^{1/2}}{\sqrt{n}2\sinh(\frac{1}{2}\hat{t}) \left| K''(\hat{s}', \hat{t}) \right|^{1/2}} - \frac{1}{\sqrt{n}\hat{w}} \right]$$

$$(3.3.6)$$

である．ここで，

$$K_s'(\tilde{s}, \tilde{t}) = \bar{x}, \quad K_t'(\tilde{s}, \tilde{t}) = \tilde{y},$$
$$\tilde{w} = \text{sgn}(\tilde{t})[2(\tilde{s}\bar{x} + \tilde{t}\tilde{y} - K(\tilde{s}, \tilde{t})) - 2(\hat{s}_0\bar{x} - K(\hat{s}_0, 0))]$$
$$\sinh(u) = \frac{1}{2}(e^u - e^{-u})$$

である．

導出は定理 1.3.3 と同様にして，定理 3.3.2 より得られる．

第 **4** 章

指数分布族

4.1 正則指数分布族

確率変数 X の確率(密度)関数を

$$f(x;\theta) = \exp\{\theta'x - c(\theta) + d(x)\} \tag{4.1.1}$$

とし,$\theta, x \in \boldsymbol{R}^m$ とするとき,$\{f(\cdot;\theta); \theta \in \Theta\}$ を指数分布族という.

$$\bar{\Theta} = \{\theta; \int \exp(\theta'x - d(x))dx < \infty\}$$

とすると,$\Theta = \bar{\Theta}$ のとき指数分布族は完備であるといい,$\bar{\Theta}$ は凸集合である.特に指数分布族が完備かつ Θ が $\boldsymbol{R}^m$ 内で開集合であるときは正則指数分布族という.

また,2変量指数分布族において

$$f(x,y;\theta_1,\theta_2) = \exp\{\theta_1'x + \theta_2'y - c(\theta_1,\theta_2) + d(x,y)\}$$

とする.

$$\exp\{g(\theta_2;x)\} = \int \exp\{\theta_2'y + d(x,y)\}dy$$

とするとき,条件付き密度関数は

$$f_{Y|x}(y \mid x;\theta_2) = \exp\{\theta_2'y + d(x,y) - g(\theta_2;x)\}$$

となり，キュムラント母関数は

$$K_{Y|x}(t) = g(\theta_2 + t; x) - g(\theta_2; x) \tag{4.1.2}$$

となる．

(i)　X の確率（密度）関数が

$$f(x; \theta) = \exp(\theta' x - c(\theta)) \cdot h(x)$$

と表示されるとき，X を正準十分統計量という．

(ii)　x を観測値とするとき，

$$\mathcal{L}(\theta) = \exp(\theta' x - c(\theta)), \quad \ell(\theta) = \theta' x - c(\theta)$$

を θ の尤度関数という．

(iii)　キュムラント母関数 $K(s)$ は

$$K(s) = c(\theta + s) - c(\theta), \quad \theta + s \in \Theta$$

となる．また

$$E[X; \theta] = c'(\theta) = \frac{\partial c(\theta)}{\partial \theta},$$

$$\mathrm{Var}[X; \theta] = c''(\theta) = \frac{\partial^2 c(\theta)}{\partial \theta \partial \theta'} (> 0)$$

として求めることができる．

(iv)　最尤推定量 $\hat{\theta}$ と鞍点 $\hat{s}$ は

$$\hat{s} = \hat{\theta} - \theta \tag{4.1.3}$$

となる．

(v)　$\theta \in \Theta$ とするとき，

$$j(\theta) = -\frac{\partial^2 \ell}{\partial \theta \partial \theta'} \quad ;\text{観測（された）情報量行列}$$

$$i(\theta) = E[j(\theta)] \quad ;\text{期待情報量行列}$$

といい，指数分布族では

$$j(\theta) = i(\theta) = c''(\theta)$$

である.

定理 4.1.1

$\theta, x \in \boldsymbol{R}^1$ とし，x の密度関数は (4.1.1) とする．x の密度関数の鞍点近似は

$$\hat{f}(x;\theta) = \frac{1}{\sqrt{2\pi}}[-\ell_{\theta\theta}(\hat{\theta})]^{-1/2}\exp[\ell(\theta) - \ell(\hat{\theta})] \qquad (4.1.4)$$

となる．ここで $\hat{\theta}$ は θ の最尤推定量であり，また

$$\ell(\theta) = \theta x - c(\theta)$$

である．また，$\ell_{\theta\theta}(\theta) = \dfrac{d^2\ell(\theta)}{d\theta^2}$ である.

（証明） x のキュムラント母関数を $K(t)$ とするとき，x の密度関数の鞍点近似は定理 1.2.1 である．指数分布族の場合，

$$K(\hat{t}) = c(\theta + \hat{t}) - c(\theta) = c(\hat{\theta}) - c(\theta)$$
$$K''(\hat{t}) = c''(\hat{\theta}) = -\ell_{\theta\theta}(\hat{\theta})$$
$$x\hat{t} = x(\hat{\theta} - \theta)$$

より (4.1.4) を得る． $\square$

定理 4.1.2 （Barndorff-Nielsen の p^* 形式）

x が指数分布族の場合に，最尤推定量 $\hat{\theta}$ の密度関数の鞍点近似は

$$p^*(\hat{\theta};\theta) = \frac{1}{\sqrt{2\pi}}[-\ell_{\theta\theta}(\hat{\theta})]^{1/2}\exp[\ell(\theta) - \ell(\hat{\theta})] \qquad (4.1.5)$$

である．このような表記を Barndorff-Nielsen の p^* 形式という (Barndorff-Nielsen, 1983; Barndorff-Nielsen and Cox, 1989, 1994).

（証明） (4.1.4) において，$K'(\hat{t}) = x$，$\hat{t} = \hat{\theta} - \theta$ より，x から $\hat{\theta}$ への変換のヤコビアンは

$$\frac{dx}{d\hat{\theta}} = \frac{dK'(\hat{t})}{d\hat{t}}\frac{d(\hat{\theta}-\theta)}{d\hat{\theta}} = K''(\hat{t}) = c''(\hat{\theta}) = -\ell_{\theta\theta}(\hat{\theta})$$

であるから (4.1.5) を得る.   □

定理 4.1.3

(4.1.4) において, $\theta, x \in \mathbf{R}^m$ とすると, x の密度関数の鞍点近似は

$$\hat{f}(x;\theta) = \frac{1}{(2\pi)^{m/2}}[|-\ell_{\theta\theta}(\hat{\theta})|]^{-1/2}\exp[\ell(\theta)-\ell(\hat{\theta})] \qquad (4.1.6)$$

また, θ の最尤推定量 $\hat{\theta}$ の密度関数の鞍点近似は

$$p^*(\hat{\theta};\theta) = \frac{1}{(2\pi)^{m/2}}[|-\ell_{\theta\theta}(\hat{\theta})|]^{1/2}\exp[\ell(\theta)-\ell(\hat{\theta})]$$

となる. ここで

$$\frac{\partial x}{\partial \hat{\theta}'} = \frac{\partial^2 c(\hat{\theta})}{\partial\hat{\theta}\partial\hat{\theta}'} = -\ell_{\theta\theta}(\hat{\theta})$$

である.

定理 4.1.4

$X_1, \ldots, X_n$ は密度関数 (4.1.1) からのランダムサンプルとする. このとき $\bar{X} = \sum_i^n X_i/n$ の密度関数の鞍点近似は

$$\hat{f}(\bar{x};\theta) = \sqrt{\frac{n}{2\pi}}\frac{1}{[c''(\hat{\theta})]^{1/2}}\exp\{\ell^{(n)}(\theta)-\ell^{(n)}(\hat{\theta})] \qquad (4.1.7)$$

となる. ここで $\ell^{(n)}(\theta) = n\{\theta\bar{x} - c(\theta)\}$ であり, $\hat{\theta}$ は $\bar{x} = c'(\hat{\theta})$ を満たす.

(証明) $\bar{x}$ のキュムラント母関数は $nK(u/n)$ であるから $u/n = t$ として反転公式を用いればよい.   □

【例 4.1.1】 $X_1, \ldots, X_n$ を $N(\theta, 1)$ からのランダムサンプルとするとき, 最尤推定量 $\hat{\theta}$ の $p^*(\hat{\theta};\theta)$ は $N(\theta, 1/n)$ である.

【例 4.1.2】 $X_1, \ldots, X_n$ を $N(0, \theta)$ からのランダムサンプルとするとき,

最尤推定量 $\hat{\theta}$ の p^* 形式は

$$p^*(\hat{\theta};\theta) = \frac{1}{\hat{\Gamma}\left(\frac{n}{2}\right)} \left(\frac{n}{2\theta}\right)^{\frac{n}{2}} \hat{\theta}^{\frac{n}{2}-1} \exp\left(-\frac{n}{2\theta}\hat{\theta}\right), \quad \hat{\theta} > 0$$

となる.

【例 4.1.3】 $X_1, \ldots, X_n$ を指数分布

$$f(x;\theta) = \theta \exp(-\theta x), \quad x > 0, \quad \theta > 0$$

からのランダムサンプルとするとき，最尤推定量 $\hat{\theta}$ の p^* 形式は，

$$p^*(\hat{\theta};\theta) = \sqrt{\frac{n}{2\pi}} \frac{\theta^n}{\hat{\theta}^{n+1}} \exp\left(-\frac{n\theta}{\hat{\theta}}\right) \exp(n), \quad \hat{\theta} > 0$$

となる.

【例 4.1.4】 $X_1, \ldots, X_n$ を $N(\theta_1, \theta_2)$ からのランダムサンプルとするとき，$(\hat{\theta}_1, \hat{\theta}_2)$ の p^* 形式は，

$$p^*(\hat{\theta}_1, \hat{\theta}_2; \theta_1, \theta_2) = \sqrt{\frac{n}{2}} \cdot \frac{1}{\sqrt{2\pi}} \sqrt{\frac{n}{\theta_2}} \exp\left\{-\frac{n}{2\theta_2}(\hat{\theta}_1 - \theta_1)^2\right\}$$
$$\times \frac{1}{\Gamma\left(\frac{n}{2}\right)} \left(\frac{n}{\theta_2}\right)^{\frac{1}{2}(n-1)} \hat{\theta}_2^{\frac{1}{2}(n-3)} \exp\left\{-\frac{n\hat{\theta}_2}{2\theta_2}\right\}$$

となる．ここで，

$$\hat{\theta}_1 = \bar{x}, \quad \hat{\theta}_2 = \frac{1}{n}\sum_{i=1}^{n}(x_i - \bar{x})^2$$

である[1].

補足 4.1.1
(4.1.1) において，

$$f(x;\theta) = \exp(a(\theta)x - c(\theta) + d(x))$$

の場合の p^* 形式の導出については Severini (2000, §5.5) を参照せよ.

---

[1] より詳細な議論については Barndorff-Nielsen (1983) を参照.

定理 4.1.5

定理 4.1.1 と同様の設定で $\theta_1 \in \boldsymbol{R}^{m_1}$, $\theta_2 \in \boldsymbol{R}^{m_2}$, $m = m_1 + m_2$ とするとき,条件付き密度関数 $f(y|x; \theta_2)$ の鞍点近似は

$$\hat{f}(y|x; \theta_2) = (2\pi)^{-m_2/2} \left\{ \frac{\left| j(\hat{\theta}_1, \hat{\theta}_2) \right|}{\left| j_{11}(\tilde{\theta}_{1(2)}, \theta_2) \right|} \right\}^{-1/2}$$

$$\times \exp\{\ell(\tilde{\theta}_{1(2)}, \theta_2) - \ell(\hat{\theta}_1, \hat{\theta}_2)\} \qquad (4.1.8)$$

である.ここで $\tilde{\theta}_{1(2)}$ は θ_2 を固定したときの θ_1 の最尤推定量で,

$$\frac{\partial c(\theta_1, \theta_2)}{\partial \theta_1} = x$$

の解である.

4.2　正準十分統計量の分布関数

指数分布族の正準十分統計量 X を 1 次元とする.最尤推定量 $\hat{\theta}(X)$ は $c'(\hat{\theta}(X)) = X$ を満たす.$c''(\cdot) > 0$ であるから $c'(\cdot)$ は単調増加であり,$c'(\hat{\theta}(X)) = X$, $c'(\hat{\theta}(x)) = x$ とすると,

$$X \le x \Longleftrightarrow \hat{\theta}(X) \le \hat{\theta}(x)$$

を満たす.$K''(\hat{s}) = c''(\hat{\theta}) = j(\hat{\theta})$, $\hat{s} = \hat{\theta} - \theta$ であるから,Lugannani-Rice の公式に相等する次の定理を得る.

定理 4.2.1

連続型確率変数 X の最尤推定量 $\theta(X)$ の分布関数は,

$$P\{X \le x\} = P\{\hat{\theta}(X) \le \hat{\theta}(x)\}$$

$$= \begin{cases} \Phi(\hat{w}) + \phi(\hat{w}) \left\{ \frac{1}{\hat{w}} - \frac{1}{\hat{u}} \right\}, & \hat{\theta} \ne \theta \\ \frac{1}{2} + \frac{c'''(\hat{\theta})}{6\sqrt{2\pi}[c''(\hat{\theta})]^{3/2}} & \hat{\theta} = \theta \end{cases} \qquad (4.2.1)$$

であり,

$$\hat{w} = \text{sgn}(\hat{\theta} - \theta) \sqrt{-2 \log \left(\frac{\mathcal{L}(\theta)}{\mathcal{L}(\hat{\theta})} \right)}$$

$$\hat{u} = (\hat{\theta} - \theta) \sqrt{j(\hat{\theta})}$$

である.

(**証明**) (1.3.7) を用いればよい. □

定理 **4.2.2**

X が整数値をとる確率変数とする場合

$$P\{X \geq x\} = \begin{cases} 1 - \Phi(\hat{w}) - \phi(\hat{w}) \left\{ \frac{1}{\hat{w}} - \frac{1}{\hat{u}} \right\}, & \hat{\theta} \neq \theta \\ \frac{1}{2} - \frac{c'''(\hat{\theta})}{6\sqrt{2\pi}[c''(\hat{\theta})]^{3/2}} + \frac{1}{2\sqrt{c''(\hat{\theta})}}, & \hat{\theta} = \theta \end{cases} \tag{4.2.2}$$

ここで

$$\hat{w} = \text{sgn}(\hat{\theta} - \theta) \sqrt{-2 \log \left(\frac{\mathcal{L}(\theta)}{\mathcal{L}(\hat{\theta})} \right)}$$

$$\tilde{u} = (1 - \exp(-(\hat{\theta} - \theta))) \sqrt{j(\hat{\theta})}$$

である.

(**証明**) 定理 1.3.2 を用いる. その際 $\hat{\theta} \to \theta \Longleftrightarrow \hat{s} \to 0$ であるから,

$$\frac{1}{\hat{w}} - \frac{1}{\tilde{u}} = \frac{1}{\hat{u}} \left(\frac{\hat{u}}{\hat{w}} - 1 \right) + \frac{1}{\hat{u}} \left(1 - \frac{\hat{u}}{\tilde{u}} \right)$$

の右辺第 1 項は $\hat{\theta} \to \theta$ のとき (1.3.7) と同様にして

$$\frac{1}{2} - \frac{c'''(\hat{\theta})}{6\sqrt{2\pi}[c''(\hat{\theta})]^{3/2}}$$

となる. 第 2 項は

$$\frac{1}{\hat{u}}\left\{1 - \frac{\hat{s}}{(1-\exp(-\hat{s}))}\right\} = \frac{1}{\hat{u}}\left\{-\frac{\hat{s}}{2} + O(\hat{s}^2)\right\}$$

$$= -\frac{1}{2}\frac{1}{\sqrt{c''(\hat{\theta})}} + O(\hat{s})$$

となる．ゆえに上式は $-\dfrac{1}{2}\dfrac{1}{\sqrt{c''(\hat{\theta})}}$ に収束する． □

定理 4.2.3（半整数補正）

　離散型確率変数において，半整数補正を $x^- = x - 1/2$ とし，最尤推定量 $\breve{\theta}$ は $c'(\breve{\theta}) = x^-$ を満たすとする．$\mathcal{L}^-(\theta) = \exp(\theta x^- - c(\theta))$ とするとき，

$$P\{\breve{\theta}(X) \geq \theta(x)\} = \begin{cases} 1 - \Phi(\breve{w}) - \phi(\breve{w})\left\{\frac{1}{\breve{w}} - \frac{1}{\breve{u}}\right\}, & \breve{\theta} \neq \theta \\ \frac{1}{2} - \frac{1}{\sqrt{2\pi}}\frac{c'''(\breve{\theta})}{6(c''(\breve{\theta}))^{3/2}}, & \breve{\theta} = \theta \end{cases}$$

となる．ここで

$$\breve{w} = \text{sgn}(\breve{\theta} - \theta)\sqrt{-2\log\left(\frac{\mathcal{L}^-(\theta)}{\mathcal{L}(\breve{\theta})}\right)}$$

$$\breve{u} = 2\sinh\left(\frac{\breve{\theta} - \theta}{2}\right)\sqrt{c''(\breve{\theta})}$$

である．

（証明）　定理 1.3.3 と同様に示せる． □

4.3　尤度比規準

　母集団の確率（密度）関数を $f(x;\theta)$ とする．このとき母数に対する仮説検定として，仮説 $H_0: \theta = \theta_0$，対立仮説 $H: \theta \neq \theta_0$ とおく．この仮説検定に対する重要な検定統計量として尤度比規準がある．

　$X_1,\ldots,X_n$ を母集団分布 $f(x;\theta)$ からのランダムサンプルとし，p 次元ベクトル θ に対する最尤推定量を $\hat{\theta}$ とするとき，

$$\Lambda_n = \prod_{\alpha=1}^{n} \frac{f(X_\alpha;\theta_0)}{f(X_\alpha;\hat{\theta})} \tag{4.3.1}$$

を尤度比規準という．データによる θ の推定量 $\hat{\theta}$ に基づく尤度と仮説に基づく尤度との比は，「現実」と「仮説」との乖離の尺度と考えられ，「仮説」が「現実」から離れていれば値は小さくなる．Λ_n の有意水準 c に対して $\Lambda_n < c$ となるとき仮説 H_0 を棄却する．Wilks (1938) は仮説 H_0 のもとでの $-2\log\Lambda_n$ が極限分布として自由度 p の χ^2 分布をもつことを示している．本節では $p=1$ の指数分布族の場合について取り扱う．

定理 4.3.1

$X_1,\ldots,X_n$ は (4.1.1) に従うランダムサンプルとし，$\theta \in \mathbf{R}^1$ とするとき，$\lambda = -2\log\Lambda_n$ の密度関数は n が大きいときに

$$g(\lambda;\theta) = \frac{1}{\sqrt{2\pi\lambda}} e^{-\lambda/2} \left\{ 1 + \frac{A(\theta_0)}{n}(\lambda-1) + O\left(\frac{1}{n^2}\right) \right\} \tag{4.3.2}$$

となり，主項は自由度 1 の χ^2 分布の密度関数である．

(証明)

$X = \sum\limits_{i=1}^{n} X_i$ の密度関数の鞍点近似は，(1.2.9) より

$$f(x;\theta) = \frac{1}{\sqrt{2n\pi}} \frac{1}{\sqrt{K''(\hat{t})}} \exp\{nK(\hat{t}) - x\hat{t}\} \left[1 + \frac{A(\hat{t})}{n} + O\left(\frac{1}{n^2}\right) \right]$$

であり，$x = nK'(\hat{t})$ を満たしている．

指数分布の場合には

$$nK(\hat{t}) - x\hat{t} = n\{c(\hat{\theta}) - c(\theta)\} - x(\hat{\theta} - \theta) = -\frac{\lambda}{2}$$

$A(\hat{t})$ は $c(\hat{\theta})$, $c''(\hat{\theta})$, $c'''(\hat{\theta})$, $c^{(4)}(\hat{\theta})$ の関数であるから $A(\hat{\theta})$ と表示する．よって

$$f(x;\theta) = \frac{1}{\sqrt{2n\pi c''(\hat{\theta})}} \exp\left(-\frac{\lambda}{2}\right) \left[1 + \frac{A(\hat{\theta})}{n} + O\left(\frac{1}{n^2}\right) \right]$$

と表示できる.

　次に x から λ への変数変換をするとき，仮説 $H_0 : \theta = \theta_0$ のもとで

$$\frac{d\lambda}{dx} = 2(\hat{\theta} - \theta_0) + 2(x - nc''(\hat{\theta}))\frac{\partial\hat{\theta}}{\partial x} = 2(\hat{\theta} - \theta_0)$$

となり，$\hat{\theta}$ が θ_0 より大きいかどうかにより符号が変化するので変換は 2 価である.

$$f(\lambda;\theta_0) = \frac{1}{2\sqrt{2\pi n}}\exp\left(-\frac{\lambda}{2}\right)\sum\frac{1}{\sqrt{(\hat{\theta}-\theta_0)^2 c''(\hat{\theta})}}\left\{1 + \frac{1}{n}A(\theta_0) + O\left(\frac{1}{n^2}\right)\right\}$$

ここで λ を $\theta = \theta_0$ で Taylor 展開する.

$$\lambda = n\left\{c''(\theta_0)(\hat{\theta}-\theta_0)^2 + \frac{2}{3}c'''(\theta_0)(\hat{\theta}-\theta_0)^3 + \frac{1}{4}c^{(4)}(\theta_0)(\hat{\theta}-\theta_0)^4 + O(n^{-3/2})\right\}$$

$$= nc''(\theta_0)(\hat{\theta}-\theta_0)^2[1 + \eta_3(\hat{\theta}-\theta_0) + \eta_4(\hat{\theta}-\theta_0)^2 + O(n^{-3/2})]$$

ここで $\hat{\theta} - \theta_0$ を λ を用いて表現する. 第 1 近似を

$$\hat{\theta} - \theta_0 = \pm\sqrt{\frac{\lambda}{nc''(\theta_0)}} = \pm\sqrt{q_n}$$

とすると,

$$\hat{\theta} - \theta_0 = \pm\sqrt{q_n}\{1 + \xi_1\sqrt{q_n} + \xi_2 q_n + O(n^{-3/2})\}$$

よって

$$q_n = q_n\{1 \pm \xi_1\sqrt{q_n} + O(n^{-1})\}^2\{1 \pm \eta_3\sqrt{q_n}(1 + \xi_1\sqrt{q_n})$$
$$+ \eta_4 q_n(1 + \xi_1\sqrt{q_n})^2 + O(n^{-3/2})\}$$

となる.

$$1 = 1 + \sqrt{q_n}(\pm\eta_3 + 2\xi_1) + O(n^{-1})$$

となり,

$$\xi_1 = \mp\frac{1}{2}\eta_3$$

となる. よって

$$\hat{\theta} - \theta_0 = \pm\sqrt{q_n}\{1 \mp \xi_3\sqrt{q_n} + \xi_4 q_n + O(n^{-3/2})\}$$

となるが，以後の計算において ξ_3, ξ_4 の具体的な値は必要ない．

次に，

$$c''(\hat{\theta}) = c''(\theta_0) + c'''(\theta_0)(\hat{\theta} - \theta_0) + O(n^{-1})$$
$$= c''(\theta_0)\{1 \pm \xi_3\sqrt{q_n} + O(n^{-1})\}$$

であるので，

$$\frac{1}{\sqrt{(\hat{\theta} - \theta_0)^2 c''(\hat{\theta})}} = \frac{1 \pm \xi_3\sqrt{q_n} - \xi_4 q_n + O(n^{-1})}{\sqrt{q_n c''(\theta_0)\{1 \pm \xi_5\sqrt{q_n} + O(n^{-1})\}}}$$
$$= \sqrt{\frac{n}{\lambda}}\left[1 \pm \left(\xi_3 - \frac{1}{2}\xi_5\right)\sqrt{q_n} - \xi_6 q_n + O(n^{-3/2})\right]$$

以上より ± の項の和をとることで消去されるので，密度関数は

$$f(\lambda) = \frac{1}{\sqrt{2\pi n}}e^{-\lambda/2}\sqrt{\frac{n}{\lambda}}\left(1 - \xi_6\frac{1}{nc''(\theta_0)} + O(n^{-3/2})\right)$$
$$\times \left[1 + \frac{A(\theta_0)}{n} + O(n^{-3/2})\right]$$
$$= \frac{1}{\sqrt{2\pi\lambda}}\exp\left(-\frac{\lambda}{2}\right)\left[1 + \frac{1}{n}\{\xi_7\lambda + A(\theta_0)\} + O(n^{-3/2})\right]$$

両辺を積分することで，

$$1 = 1 + \frac{\xi_7 + A(\theta_0)}{n} + O(n^{-3/2})$$

これより，$\xi_7 = -A(\theta_0)$ となる．よって λ の密度関数は

$$f(\lambda) = \frac{1}{\sqrt{2\pi\lambda}}\exp\left(-\frac{\lambda}{2}\right)\left[1 + \frac{A(\theta_0)}{n}(\lambda - 1) + O(n^{-3/2})\right]$$

と表現される（Butler (2007) による）． □

系 4.3.1

$w = \lambda/(1 + 2A(\theta_0)/n)$ とすることで，w の密度関数は

$$g(w) = \frac{1}{\sqrt{2\pi w}}\exp\left(-\frac{1}{2}w\right)[1 + O(n^{-3/2})]$$

となる. w を Bartlett の補正項 (Bartlett, 1937) という[2].

4.3.1   一般の場合の尤度比規準の分布

(A)   仮説のもとでの尤度比規準の分布の漸近展開

母集団密度関数を $f(x;\theta)$, $\theta' = (\theta'_1, \theta'_2)$, $\theta'_1 = (\theta_1, \ldots, \theta_q)$, $\theta'_2 = (\theta_{q+1}, \ldots, \theta_p)$ とする. サイズ n のランダムサンプルを $X = [X_1, X_2, \ldots, X_n]$ とする. 複合仮説 $H_0 : \theta_2 = \theta_{20}$ (与えられたベクトル), 対立仮説 $H_1 : \theta_2 \neq \theta_{20}$ に対する尤度比規準 λ は

$$\lambda = \prod_{\alpha=1}^{n} \frac{f(X_\alpha; \tilde{\theta}_1, \theta_{20})}{f(X_\alpha; \hat{\theta}_1, \hat{\theta}_2)} \tag{4.3.3}$$

と定義される.

ここで $(\hat{\theta}'_1, \hat{\theta}'_2)$ は対立仮説のもとでの (θ'_1, θ'_2) の最尤推定量であり, $\tilde{\theta}_1$ は仮説のもとでの θ_1 の最尤推定量である. Wilks (1938) は仮説 H_0 のもとで $-2\log\lambda$ の極限分布が自由度 $(p-q)$ の χ^2 分布となることを示している. また母集団分布の密度関数が正則条件 (x に関する積分と θ に関する微分の操作の交換可能性) を満たすとき, 尤度比規準の分布関数の漸近展開が与えられる (Box, 1949; Hayakawa, 1977, 1987, 1994).

$$\begin{aligned} &P\{-2\log\lambda \leq x | H_0\} \\ &= P\{\chi^2_f \leq x\} \\ &\quad + \frac{1}{n}[\ell(K^{-1}) - \ell(A)][P\{\chi^2_{f+2} \leq x\} - P\{\chi^2_f \leq x\}] \\ &\quad + O(1/n^2) \end{aligned} \tag{4.3.4}$$

ここで, $f = p - q$ であり,

---

[2] $\hat{\theta}$ が m 次元の場合の尤度比規準の密度関数の表示については, $\hat{\theta}$ を $(\lambda, u_1, \ldots, u_{m-1})$ へ変換して, $(u_1, \ldots, u_{m-1})$ について積分することにより λ の密度関数を得ることができる. Barndorff-Nielsen and Cox (1994, pp.191-192) を参照.

$$\ell(K^{-1}) = \frac{1}{8}[K_{\dots}(\circ K^{-1})^2 + 4K_{\dots,.}(\circ K^{-1})^2 + 4K_{.,.,.}(\otimes K^{-1})^2$$
$$+ 4K_{.,.,.}(\otimes K^{-1})^2]$$
$$+ \frac{1}{24}[3K_{\dots}\circ K^{-1}\circ K^{-1}(K_{\dots}\circ K^{-1})$$
$$+ 12K_{\dots,.}\circ K^{-1}\circ K^{-1}(K_{\dots}\circ K^{-1})$$
$$+ 12K_{.,.,.}\circ K^{-1}\circ K^{-1}(K_{.,.,.}\circ K^{-1}) + 6K_{\dots}(*K^{-1})^3*K_{\dots}$$
$$+ 4K_{.,.,.}(*K^{-1})^3*K_{\dots} + 24K_{.,.,.}(*K^{-1})^3*K_{\dots}$$
$$+ 12K_{.,.,.}(*K^{-1})^3*K_{.,.,.}] \tag{4.3.5}$$

$$A = \begin{bmatrix} K_{11}^{-1} & 0 \\ 0 & 0 \end{bmatrix} \quad : K_{11} \text{は } q \times q \text{ 行列} \tag{4.3.6}$$

である[3]．ここで，

$$y_{i_1\cdots i_\ell} = n^{-\ell/2}\sum_{\alpha=1}^{n}\frac{\partial^\ell \log f(x_\alpha;\theta)}{\partial\theta_{i_1}\cdots\partial\theta_{i_\ell}}, \quad \ell = 1,2,3,4$$

とし，

$$y' = (y_1,\ldots,y_m), \quad Y = (y_{ij}), \quad Y_{\dots} = (y_{ijk}), \quad Y_{\dots} = (y_{ijk\ell})$$
$$i,j,k,\ell = 1,2,\ldots,m$$

とするとき，

$$E[y] = 0, \quad E[Y] = K_{..}, \quad E[yy'] = K = (K_{i,j}), \quad K + K_{..} = O$$
$$K_{ijk} = \sqrt{n}E[y_{ijk}], \quad K_{i,jk} = \sqrt{n}E[y_iy_{jk}], \quad K_{i,j,k} = \sqrt{n}E[y_iy_jy_k]$$
$$K_{ijk\ell} = nE[y_{ijk\ell}], \quad K_{i,jk\ell} = nE[y_iy_{jk\ell}], \quad K_{ij,k\ell} = nE[y_{ij}y_{k\ell}]$$
$$y_{i,j,k\ell} = nE[y_iy_jy_{k\ell}], \quad K_{i,j,k,\ell} = nE[y_iy_jy_ky_\ell]$$

---

[3] (4.3.5) は $K, K_{\dots}, K_{.,.,.}, \ldots$ の定義の仕方によって異なる表現となるが，(4.3.4) の分布展開の構図は変らない．

である．なお，演算子「∘」，「∗」，「⊗」は付録 A.4 を参照.

また，

$$W = -2\log\lambda \bigg/ \left\{ 1 + \frac{2}{nf}(\ell(K^{-1}) - \ell(A)) \right\} \qquad (4.3.7)$$

とすると，

$$P\{W \le x\} = P\{\chi_f^2 \le x\} + O\left(\frac{1}{n^2}\right) \qquad (4.3.8)$$

となる．W を Bartlett の補正項という．尤度比規準の対立仮説 $H_1 : \theta_2 \ne \theta_{20}$，および，局所対立仮説 $K_n : \theta_2 = \theta_{20} + \varepsilon/\sqrt{n}$ のもとでの検出力関数については Hayakawa (1975, 1977) を参照.

(B)　Holy Trinity

複合仮説を検定するために有名な統計量がある.

(i)　尤度比規準 (Neyman and Pearson, 1928)
$$T_1 = -2\log\lambda$$

(ii)　Wald 統計量 (Wald, 1943)
$$T_2 = n(\hat\theta_2 - \theta_{20})' K_{22\cdot1}(\hat\theta)(\hat\theta_2 - \theta_{20})$$

(iii) スコア統計量 (Rao, 1948)
$$T_3 = y(\tilde\theta)' K(\tilde\theta)^{-1} y(\tilde\theta), \quad \tilde\theta' = (\tilde\theta_1', \theta_{20}')$$

(iv) Terrell 統計量 (Terrell, 2002)
$$T_4 = \sqrt{n}(\hat\theta - \tilde\theta)' y(\tilde\theta)$$

すべての統計量は仮説のもとで極限分布として自由度 $(p - q)$ の χ^2 分布に従う．特に T_1, T_2, T_3 は Holy Trinity と呼ばれている (Rao, 2005). T_2, T_3, T_4 は，仮説のもとで Bartlett の補正項が存在しない．しかし，適当な変換をすることで $1/n$ の高次の項を消すことが可能で，得られた統計量を Bartlett 型補正をした統計量という (Cordeiro and Ferrari, 1991; Kakizawa, 1996, 1997).

これら統計量の検出力の比較については多くの文献があるが，特に Kakizawa (2013) は Bartlett 型補正調整されたスコア統計量が優越して

いることを論じている.

4.4 符号付き尤度比規準

4.4.1 空間微分

$\hat{\theta}$ を θ の最尤推定量, a を θ の補助統計量とする. そして $(\hat{\theta}, a)$ は最小十分統計量とする. これは対数尤度関数が $\ell = \ell(\theta; \hat{\theta}, a)$ で書けることを意味する. $\ell = \ell(\theta; \hat{\theta}, a)$ において, $\ell_{\blacksquare:}(\theta; \hat{\theta}, a)$ を母数空間についての微分, $\ell_{:\blacksquare}(\theta; \hat{\theta}, a)$ を標本空間についての微分と定義する.

$$\ell_{\theta:} = \ell_{\theta:}(\theta; \hat{\theta}, a),$$
$$\ell_{\theta\theta:} = \ell_{\theta\theta:}(\theta; \hat{\theta}, a) = -\hat{j}$$
$$\ell_{:\hat{\theta}} = \ell_{:\hat{\theta}}(\theta; \hat{\theta}, a) = \frac{\partial \ell}{\partial \hat{\theta}} \tag{4.4.1}$$
$$\ell_{:\hat{\theta}\hat{\theta}} = \ell_{:\hat{\theta}\hat{\theta}}(\theta; \hat{\theta}, a) = \frac{\partial^2 \ell}{\partial \hat{\theta}^2} \tag{4.4.2}$$

尤度方程式 $\ell_{\theta:}(\hat{\theta}; \hat{\theta}, a) = 0$ であるから, $\ell_{\theta:}(u; u, a) = 0$ を満たすので,

$$\ell_{\theta\theta:}(u; u, a) + \ell_{\theta:\hat{\theta}}(u; u, a) = 0$$

ゆえに

$$\ell_{\theta:\hat{\theta}}(\hat{\theta}; \hat{\theta}, a) = -\ell_{\theta\theta:}(\hat{\theta}; \hat{\theta}, a) = \hat{j} \tag{4.4.3}$$

となる.

4.4.2 符号付き尤度比規準

$\hat{\theta}$ を θ の最尤推定量, a を θ に対する補助統計量とし, $(\hat{\theta}, a)$ の最小十分統計量とする.

定理 4.4.1

符号付き尤度比規準 R を

$$R = \operatorname{sgn}(\hat{\theta} - \theta)[2\{\ell(\hat{\theta}) - \ell(\theta)\}]^{1/2} \qquad (4.4.4)$$

$$\ell(\hat{\theta}) = \ell(\hat{\theta}; \hat{\theta}, a), \quad \ell(\theta) = \ell(\theta; \hat{\theta}, a)$$

とし，R と $\hat{\theta}$ が 1 対 1 対応し，かつ単調増加とする．このとき，

$$P\{R \le r\} = \Phi(r) + \phi(r)\left\{\frac{1}{r} - \frac{1}{u}\right\} \qquad (4.4.5)$$

$$u = \hat{j}^{-1/2}[\ell_{;\hat{\theta}}(\hat{\theta}; \hat{\theta}, a) - \ell_{;\hat{\theta}}(\theta; \hat{\theta}, a)]$$

である．

(証明) $\hat{\theta}$ の p^* 形式（定理 4.1.2）は

$$p^*(\hat{\theta}) = \frac{\bar{c}}{\sqrt{2\pi}}\hat{j}^{1/2}\exp[\ell(\theta) - \ell(\hat{\theta})], \quad \bar{c} = 1 + O\left(\frac{1}{n}\right)$$

であるから，R の密度関数は

$$\frac{\bar{c}}{\sqrt{2\pi}}\hat{j}^{1/2}\exp\left\{-\frac{1}{2}r^2\right\}\left|\frac{\partial\hat{\theta}}{\partial r}\right| \qquad (4.4.6)$$

となる．ここで，

$$r\frac{dr}{d\hat{\theta}} = \ell_{;\hat{\theta}}(\hat{\theta}) - \ell_{;\hat{\theta}}(\theta)$$

より，

$$\left|\frac{d\hat{\theta}}{dr}\right| = \frac{|r|}{\left|\ell_{;\hat{\theta}}(\hat{\theta}) - \ell_{;\hat{\theta}}(\theta)\right|}$$

である．よって，R の密度関数は

$$\bar{c}\frac{\hat{j}^{1/2}\,|r|}{\left|\ell_{;\hat{\theta}}(\hat{\theta}) - \ell_{;\hat{\theta}}(\theta)\right|}\phi(r) \qquad (4.4.7)$$

となる．ここで

$$h\left(\frac{r}{\sqrt{n}}\right) = \frac{\hat{j}^{1/2}r}{\ell_{;\hat{\theta}}(\hat{\theta}) - \ell_{;\hat{\theta}}(\theta)} \qquad (4.4.8)$$

とする.

$$\hat{\theta} \to \theta \Longleftrightarrow r \to 0$$

であるから $[\ell_{;\hat{\theta}}(\hat{\theta}) - \ell_{;\hat{\theta}}(\theta)]/r$ において l'Hôpital の定理が適用できる. $\ell(\hat{\theta})$ を $\ell(z; z, a)$, $\ell(\theta)$ を $\ell(\theta; z, a)$ とすると,

$$\frac{dr}{dz} = \frac{1}{dr/dz}[\ell_{\theta;\hat{\theta}}(z; z, a) + \ell_{;\hat{\theta}\hat{\theta}}(z; z, a) - \ell_{;\hat{\theta}\hat{\theta}}(\hat{\theta}; z, a)]$$

ここで $z \to \theta$ とすると, 第2項, 第3項は消える. また, 尤度方程式は $\ell_{\theta;}(z; z, a) = 0$ であるから,

$$\ell_{\theta\theta;}(z; z, a) + \ell_{\theta;\hat{\theta}}(z; z, a) = 0$$

$z \to \hat{\theta}$ とすれば

$$\ell_{\theta;\hat{\theta}}(\hat{\theta}; \hat{\theta}, a) = -\ell_{\theta\theta;}(\hat{\theta}; \hat{\theta}, a) = \hat{j}$$

よって

$$\left(\frac{dr}{dz}\right)^2_{z=\hat{\theta}} = \hat{j}$$

であり, 仮定より r は $\hat{\theta}$ の単調増加関数であるから

$$\frac{dr}{d\hat{\theta}} = \hat{j}^{1/2}$$

となる. 以上より

$$\lim_{\hat{\theta} \to \theta} h\left(\frac{r}{\sqrt{n}}\right) = h(0) = \frac{\hat{j}^{1/2}}{\hat{j}^{1/2}} = 1$$

これより Temme の公式を用いて,

$$P\{R \le r\} = \Phi(r) + \phi(r)\left\{\frac{1}{r} - \frac{1}{u}\right\}$$

$$u = \hat{j}^{-1/2}[\ell_{;\hat{\theta}}(\hat{\theta}; \hat{\theta}, a) - \ell_{;\hat{\theta}}(\theta; \hat{\theta}, a)]$$

となる.   □

4.5　正規化変換

定理 4.5.1

1 次元連続型確率変数 $X = O_p(1)$ は密度関数

$$\bar{c}h\left(\frac{x}{\sqrt{n}}\right)\phi(x)$$

をもち,

$$h(x) = O(1), \quad h(0) = 1, \quad \bar{c} = 1 + O\left(\frac{1}{n}\right)$$

とする. このとき変換

$$X^* = X - \frac{1}{X}\log\left(h\left(\frac{X}{\sqrt{n}}\right)\right) \tag{4.5.1}$$

は誤差 $O(n^{-3/2})$ の標準正規確率変数となる[4]. この変換を正規化変換という.

(証明)　Temme の公式より X の分布関数は $O(n^{-3/2})$ の誤差で,

$$F_n(t) = \Phi(t) - \phi(t)\frac{h(t/\sqrt{n}) - 1}{t}$$

である. このとき確率変数 $F_n(X)$ は一様確率変数であり, その誤差は $O_p(n^{-3/2})$ である.

$$F_n(X) = \Phi(X) - \phi(X)\frac{h(X/\sqrt{n}) - 1}{X}$$

よって $\Phi^{-1}(F(X))$ は標準正規確率変数である. Φ^{-1} を $t + c/\sqrt{n}$ で Taylor 展開すると,

$$\begin{aligned}
\Phi^{-1}\left(t + \frac{c}{\sqrt{n}}\right) &= \Phi^{-1}(t) + \frac{1}{\phi[\Phi^{-1}(t)]}\frac{c}{\sqrt{n}} \\
&\quad + \frac{1}{2}\frac{\Phi^{-1}(t)}{[\phi(\Phi^{-1}(t))]^2}\frac{c^2}{n} + O(n^{-3/2}) \\
&= \Phi^{-1}(t) - \frac{1}{\Phi^{-1}(t)}\log\left\{1 - \frac{\Phi^{-1}(t)}{\phi(\Phi^{-1}(t))}\frac{c}{\sqrt{n}}\right\} + O(n^{-3/2})
\end{aligned}$$

---

[4] 離散型確率変数の場合についても同様の議論ができる. Severini (2000; p.240) を参照せよ.

ここで

$$t = \Phi(X), \quad c = -\sqrt{n}\phi(X)\frac{h(X/\sqrt{n}) - 1}{X}$$

と置くことで $t + c/\sqrt{n} = F_n(X)$ となる. また, $X^* = \Phi^{-1}(F_n(X))$ と置くことで,

$$X^* = X - \frac{1}{X}\log\left(h\left(\frac{X}{\sqrt{n}}\right)\right)$$

を得る. □

系 4.5.1

符号付き尤度比規準 R の密度関数 (4.4.4) は定理 4.5.1 の条件を満たすので

$$R^* = R + \frac{1}{R}\log\left(\frac{U}{R}\right) \tag{4.5.2}$$

は

$$P\{R^* \le r^*\} = \Phi(r^*) + O(n^{-3/2}) \tag{4.5.3}$$

となる. この R^* を r^* 形式という.

第 **5** 章

超幾何関数のLaplace近似

　本章の前半は多変量正規分布に基づく基本的な積分を取り扱う．しかし，これらを理解するには，本章で引用している Muirhead (1982) 等を参照しなければならない．それゆえに，読者は $(\frac{1}{2}m(m+1)$ 次元）正値対称行列の多重積分の美しさを鑑賞されるのみで充分であろう．そして定理 5.2.2 の超幾何関数の積分表現（なお，この式の導出は前出の諸公式を形式的になぞることで容易に得られる）を鑑賞して，5.3 節の Laplace 近似を読まれるとよい．行列，行列式に関しては付録 A.7 を参照してほしい．式は複雑であるが，構図は単純である（$n = 2$ の場合で確認してほしい）．

5.1　Zonal 多項式

　James (1960, 1961a, b) は正値対称行列を変数とする Zonal 多項式を導入し，多変量解析の分布理論に大きなブレークスルーを与えた．Zonal 多項式については以下の多くの基本的文献を挙げることができる．

　James (1960, 1961a, b), James (1964), Constantine (1963), Tumura (1965), James (1968), Fujikoshi (1970, 1971), Farrell (1976), Saw (1977), Kushner and Meisner (1980), Kushner, Lebou and Meisner (1981), Takemura (1984), Takeuchi and Takemura (1985),

Mathai, Provost and Hayakawa (1995)

Muirhead (1982) は有用な入門書であり，本節で必要とする各種の式は
Muirhead (1982) を引用する.

本節では断りのないかぎり取り扱う行列を m 次実対称行列とする. k
を 0 を含む自然数とし，k の m 個以下の分割を $\kappa = [k_1, k_2, \ldots, k_m]$,
$\sum_{i=1}^{m} k_i = k$, $k_1 \geq k_2 \geq \cdots \geq k_m \geq 0$ とする. 分割 κ に対応する
Zonal 多項式の導入については，Muirhead (1982) がそれまでに得られた
知見の中から 3 条件を抽出し，これらが満たされるものを Zonal 多項式
(Muirhead, 1982, 定義 7.2.1) として定義した. その中で

$$(\operatorname{tr} S)^k = \sum_\kappa C_\kappa(S) \tag{5.1.1}$$

は基本的である. 多項式は S の固有値の斉次多項式である (Constantine,
1963).

具体的表示として，$s_j = \operatorname{tr} S^j$ とすると，

$$C_{(1)}(S) = s_1, \quad C_{(2)}(S) = \frac{1}{3}\{s_1^2 + 2s_2\}, \quad C_{(1^2)}(S) = \frac{2}{3}\{s_1^2 - s_2\},$$

$$C_{(3)}(S) = \frac{1}{15}\{s_1^3 + 6s_1 s_2 + 8s_3\}, \quad C_{(21)}(S) = \frac{9}{15}\{s_1^3 + s_1 s_2 - 2s_3\},$$

$$C_{(1^3)}(S) = \frac{5}{15}\{s_1^3 - 3s_1 s_2 + 2s_3\}$$

となる[1]. これらは $k = 12$ まで具体的な表現が得られている (Parkhurst
and James, 1974).

本節で必要な基本的関係式を以下に列挙する.

(I) ガンマ積分

Z を m 次複素対称行列とし，変数，定数の実数部を $\operatorname{Re}(\cdot)$ と示し，
$\operatorname{Re}(Z) > 0$ とする. X, Y を m 次対称行列とする. $\operatorname{Re}(a) > \frac{1}{2}(m-1)$
とするとき，$\frac{1}{2}m(m+1)$ 個の成分 X_{ij} に関する積分として，

---

[1] RS と $R^{1/2}SR^{1/2}$ および $S^{1/2}RS^{1/2}$ は同じ固有値をもつので，$C_\kappa(RS) = C_\kappa(R^{1/2}SR^{1/2}) = C_\kappa(S^{1/2}RS^{1/2})$ として用いる.

$$\int_{X>0} \mathrm{etr}(-ZX)\,|X|^{a-p}\,C_\kappa(YX)dX = \Gamma_m(a;\kappa)\,|Z|^{-a}\,C_\kappa(YZ^{-1})$$

$$(5.1.2)$$

ここで

$$\Gamma_m(a;\kappa) = \pi^{\frac{1}{4}m(m-1)} \prod_{i=1}^{m} \Gamma\left(a + k_i - \frac{1}{2}(i-1)\right) = (a)_\kappa \Gamma_m(a),$$

$$(a)_\kappa = \prod_{i=1}^{m} \left(a - \frac{1}{2}(i-1)\right)_{k_i}, \quad (b)_\ell = b(b+1)\cdots(b+\ell-1),$$

$$\mathrm{etr}(A) = \exp(\mathrm{tr}\,A), \quad dX = \prod_{i \geq j} dx_{ij}, \quad p = \frac{1}{2}(m+1)$$

(Constantine, 1963; Muirhead, 1982, 定理 7.2.7)

(Ⅱ) ベータ積分

Y を m 次対称行列, $\mathrm{Re}(a) > \frac{1}{2}(m-1)$, $\mathrm{Re}(b) > \frac{1}{2}(m-1)$ とする. このとき

$$\int_{0<X<I} |X|^{a-p}\,|I-X|^{b-p}\,C_\kappa(XY)dX = \frac{\Gamma_m(a;\kappa)\Gamma_m(b)}{\Gamma_m(a+b;\kappa)} C_\kappa(Y)$$

$$(5.1.3)$$

(Constantine, 1963; Muirhead, 1982, 定理 7.2.10)

(Ⅲ) 定積分

X, Z を m 次対称行列とする. このとき

$$\int_{0<X<\Omega} |X|^{a-p}\,C_\kappa(ZX)dX = \frac{\Gamma_m(a;\kappa)\Gamma_m(p)}{\Gamma_m(a+p;\kappa)}\,|\Omega|^a\,C_\kappa(\Omega Z) \quad (5.1.4)$$

(5.1.4) において, $X = \Omega^{1/2}U\Omega^{1/2}$ とすると $J(X;U) = |\Omega|^p$ (定理 A.5.1(iii)), $0 < \Omega^{1/2}U\Omega^{1/2} < \Omega \Leftrightarrow 0 < U < I$ となる. (5.1.3) において $b = p$ とすればよい.

(Ⅳ) Hsu の補題

$X_{m \times n}$ ($m \leq n$), $S = XX'$ とするとき,

$$\int_X f(XX')dX = \frac{\pi^{mn/2}}{\Gamma_m\left(\frac{n}{2}\right)} \int_{S>0} |S|^{(n-m-1)/2} f(S)dS$$

ここで

$$dX = \prod_{i=1}^{m} \prod_{j=1}^{n} dx_{ij}$$

証明ついては定理 A.8.1 を参照せよ (Anderson, 2003, Lemma 13.3.1; Muirhead, 1982, 定理 2.1.14).

5.2　超幾何関数

定義 5.2.1

$_pF_q$-超幾何関数は

$$_pF_q(a_1,\ldots,a_p;b_1,\ldots,b_q;X) = \sum_{k=0}^{\infty} \sum_{\kappa} \frac{(a_1)_\kappa \cdots (a_p)_\kappa}{(b_1)_\kappa \cdots (b_q)_\kappa} \frac{C_\kappa(X)}{k!} \quad (5.2.1)$$

として定義される. 分母 b_j が 0 または $\frac{1}{2}(m-1)$ 以下の整数, 半整数の場合には 0 となり, 定義できない. また $a_j = -n$ の場合, $k \geq mn+1$ に対して $(-n)_k = 0$ となる.

補題 5.2.1

級数 (5.2.1) は

(i)　$p \leq q$ のとき, すべての X に対して収束する.

(ii)　$p = q+1$ のとき, $\|X\| < 1$ に対して収束する. ただし $\|X\|$ は X の固有値の絶対値の最大値を表す.

(iii)　$p > q+1$ のとき, すべての X について発散する.

(証明)　収束性の証明についての一考察は Mathai, Provost and Hayakawa (1995, 定理 4.4.3) を参照せよ.　　　　　　　　　　　　　　　　　□

補題 5.2.2

(i)　　$_0F_0(X) = \mathrm{etr}(X)$　　　　　　　　　　　　　　　　　　(5.2.2)

(ii)　　$_1F_0(a; X) = |I - X|^{-a}$,　　$0 < X < I$　　　　　　　(5.2.3)

(iii)　$X_{m \times n}\,(m \le n)$,　　n 次直交行列群 $O(n) \ni H = [H_1, H_2]$,　　$H_1; n \times$
　　　m とするとき,

$$\int_{O(n)} \mathrm{etr}(XH_1)d(H) = {}_0F_1\left(\frac{n}{2}; \frac{1}{4}XX'\right)$$　　　　(5.2.4)

（証明）

　(i) は (5.1.1) より自明.

　(ii) は (5.2.2) において X を XS とし, 両辺に $\mathrm{etr}(-S)\,|S|^{a-p}$ を乗じて
(5.1.2) を用いる.

　(iii) は Muirhead (1982, 定理 7.4.1) を参照せよ.　　　　　　　　□

定理 5.2.1 （Poisson 積分表現, Butler and Wood, 2003）

　$X_{m \times n}\,(m \le n)$ の特異値を $x_1, \ldots, x_m$ とし, $X_d = \mathrm{diag}(x_1, \ldots, x_m)$
とする. X_d^2 は XX' の固有値を対角行列としたものである. 一般性を失
うことなく, $X = [X_d; 0]$ とする. $O(n) \ni H = [H_1, H_2]$, $H_1 : n \times m$ 行
列とする.

$H_1 = \begin{bmatrix} Y \\ W \end{bmatrix}$, $Y_{m \times m}$ とする. このとき $\mathrm{tr}\, XH_1 = \mathrm{tr}\, X_d Y$ となる.

$n \ge 2m$ とするとき

$$\begin{aligned}
&{}_0F_1\left(\frac{n}{2}; \frac{1}{4}XX'\right) \\
&= \frac{\Gamma_m\left(\frac{n}{2}\right)}{\pi^{\frac{1}{2}m^2}\Gamma_m\left(\frac{n-m}{2}\right)} \int_D \mathrm{etr}(X_d Y)\,\left|I_m - YY'\right|^{\frac{1}{2}(n-2m-1)}\,dY
\end{aligned}$$　　(5.2.5)

$D = \{Y : 0 < YY' < I\}$

（証明）

$$I = \int_Y \mathrm{etr}(X_d Y)\,|I_m - YY'|^{\frac{1}{2}(n-2m-1)}\,dY$$

において，$Y \to Y\widetilde{H}, \widetilde{H} \in O(m)$ と変換して $O(m)$ 上で積分しても，もとの積分の値は変らないので，

$$I = \int_Y \left\{ \int_{O(m)} \mathrm{etr}(X_d Y \widetilde{H}) d(\widetilde{H}) \right\} |I_m - YY'|^{\frac{1}{2}(n-2m-1)}\,dY$$

となる．(5.2.4) を用いて

$$= \int_Y {}_0F_1\left(\frac{m}{2}; \frac{1}{4} X_d YY' X_d\right) |I_m - YY'|^{\frac{1}{2}(n-2m-1)}\,dY$$

ここで $YY' = S$ として Hsu の補題を用いて

$$I = \frac{\pi^{\frac{1}{2}m^2}}{\Gamma_m(\frac{m}{2})} \int_{S>0} {}_0F_1\left(\frac{m}{2}; \frac{1}{4}X_d^2 S\right) |S|^{\frac{1}{2}(m-m-1)} |I - S|^{\frac{1}{2}(n-2m-1)}\,dS$$

さらにベータ積分をすると，

$$I = \frac{\pi^{\frac{1}{2}m^2}}{\Gamma_m(\frac{m}{2})} \sum_{k=0}^{\infty} \sum_{\kappa} \frac{1}{k!\,(\frac{m}{2})_\kappa} C_\kappa\left(\frac{1}{4}X_d^2\right) \cdot \frac{\Gamma_m(\frac{m}{2};\kappa)\,\Gamma_m(\frac{n-m}{2})}{\Gamma_m(\frac{n}{2};\kappa)}$$

$$= \pi^{\frac{1}{2}m^2} \frac{\Gamma_m(\frac{n-m}{2})}{\Gamma_m(\frac{n}{2})} \cdot {}_0F_1\left(\frac{n}{2}; \frac{1}{4}XX'\right)$$

以上により求めるものとなる． $\square$

定理 5.2.2

合流型超幾何関数 ${}_1F_1$，Gauss 型超幾何関数 ${}_2F_1$ について考える．

X を m 次対称行列とし，$\mathrm{Re}(a) > \frac{1}{2}(m-1)$，$\mathrm{Re}(c) > \frac{1}{2}(m-1)$，$\mathrm{Re}(c-a) > \frac{1}{2}(m-1)$ とする．このとき

$${}_1F_1(a; c; X)$$

$$= \frac{\Gamma_m(c)}{\Gamma_m(a)\Gamma_m(c-a)} \int_{0<Y<I} \mathrm{etr}(XY)\,|Y|^{a-p}\,|I-Y|^{c-a-p}\,dY \quad (5.2.6)$$

となる.

また，X を m 次対称行列とし，$\mathrm{Re}(X) < I_m$，$\mathrm{Re}(a) > \frac{1}{2}(m-1)$，$\mathrm{Re}(c-a) > \frac{1}{2}(m-1)$ とする．このとき

$$
\begin{aligned}
&{}_2F_1(a,b;c;X) \\
&= \frac{\Gamma_m(c)}{\Gamma_m(a)\Gamma_m(c-a)} \int_{0<Y<I} |I-XY|^{-b}\,|Y|^{a-p}\,|I-Y|^{c-a-p}\,dY
\end{aligned} \tag{5.2.7}
$$

となる.

（証明） (5.2.6) は (5.2.2) よりベータ積分，(5.2.7) は (5.2.3) を用いてベータ積分より得られる.　　　　□

定理 5.2.3

$$
\lim_{b\to\infty} {}_2F_1\!\left(a,b;c;\frac{1}{b}X\right) = {}_1F_1(a;c;X) \tag{5.2.8}
$$

$$
\lim_{a\to\infty} {}_1F_1\!\left(a;c;\frac{1}{a}X\right) = {}_0F_1(c;X) \tag{5.2.9}
$$

（証明） $C_\kappa(X)$ が k 次の斉次多項式であることと

$$
\frac{(a)_\kappa}{a^k} = \prod_{i=1}^{m} \frac{1}{a^{k_i}}\left(a - \frac{1}{2}(i-1)\right)_{k_i} \longrightarrow 1 \quad (a\to\infty)
$$

を用いる.　　　　□

5.3　超幾何関数の Laplace 近似

Zonal 多項式による超幾何関数の級数表現は収束が遅いことが指摘されている．そのために Laplace 近似が提案されている．

本節において行列 $Z = (z_{ij})$ の成分の全微分を $(dZ) = (dz_{ij})$ と記す.

5.3.1　Gauss 型超幾何関数 $_2F_1(a, b; c; X)$ の Laplace 近似

定理 5.3.1 （Butler and Wood, 2002）

Gauss 型超幾何関数 $_2F_1(a, b; c; X)$ の較正 Laplace 近似は

$$_2\widetilde{F}_1(a, b; c; X)$$

$$= c^{mc - \frac{1}{4}m(m+1)} R_{2,1}^{-1/2} \prod_{i=1}^{m} \left\{ \left(\frac{\hat{y}_i}{a} \right)^a \left(\frac{1 - \hat{y}_i}{c - a} \right)^{c-a} (1 - x_i \hat{y}_i)^{-b} \right\} \quad (5.3.1)$$

$$R_{2,1} = \prod_{i=1}^{m} \prod_{j=i}^{m} \left\{ \frac{\hat{y}_i \hat{y}_j}{a} + \frac{(1 - \hat{y}_i)(1 - \hat{y}_j)}{c - a} - \frac{b x_i x_j \hat{y}_i \hat{y}_j (1 - \hat{y}_i)(1 - \hat{y}_j)}{a(c - a)(1 - x_i \hat{y}_i)(1 - x_j \hat{y}_j)} \right\}$$

となる．ここで

$$\hat{y}_i = \frac{2a}{\sqrt{\tau_i^2 - 4ax_i(c - b)} - \tau_i}, \quad \tau_i = x_i(b - a) - c, \quad i = 1, 2, \ldots, m$$

である．また，$X = \mathrm{diag}(x_1, \ldots, x_m)$ としている．

（証明）　定理 5.2.2 の (5.2.7) において，

$$g(Y) = -a \log|Y| - (c - a) \log|I - Y| + b \log|I - XY|$$

$$h(Y) = (B_m(a, c - a))^{-1} |Y|^{-\frac{1}{2}(m+1)} |I - Y|^{-\frac{1}{2}(m+1)}$$

とする．付録 A.6(6) を用いて

$$dg(Y) = -a \operatorname{tr} Y^{-1}(dY) + (c - a) \operatorname{tr}(I - Y)^{-1}(dY) - b \operatorname{tr}(I - XY)^{-1} X(dY)$$

である．よって，定理 A.7.1(b) により，

$$dg(Y) = [-a \operatorname{vec}(Y^{-1}) + (c - a) \operatorname{vec}((I - Y)^{-1})$$

$$- b \operatorname{vec}((I - XY)^{-1} X)]' \cdot \operatorname{vec}(dY)$$

ゆえに $dg(Y) = 0$ を満たす Y を求めるとき，X が対角行列であるから Y も対角行列でなければならない（$Y = \mathrm{diag}(y_1, \ldots, y_m)$）．よって

$$-\frac{a}{y_i} + \frac{c - a}{1 - y_i} - \frac{b x_i}{1 - x_i y_i} = 0, \quad i = 1, 2, \ldots, m$$

の解を求めると，2 次方程式で $[0, 1]$ 内に入る解は，

$$\hat{y}_i = \frac{2a}{\sqrt{\tau_i^2 - 4a(c-b)x_i} - \tau_i}, \quad \tau_i = x_i(b-a) - c, \quad i = 1, 2, \ldots, m$$

となる．次にヘシアンを求める．

$$d^2 g(Y) = a \operatorname{tr} Y^{-1}(dY)Y^{-1}(dY) + (c-a)\operatorname{tr}(I-Y)^{-1}(dY)(I-Y)^{-1}(dY)$$
$$- b \operatorname{tr}(I-XY)^{-1}X(dY)(I-XY)^{-1}X(dY)$$

よって，定理 A.7.1(c) により，

$$d^2 g(Y) = (\operatorname{vec}(dY))'[aY^{-1} \otimes Y^{-1} + (c-a)(I-Y)^{-1} \otimes (I-Y)^{-1}$$
$$- b(I-XY)^{-1}X \otimes (I-XY)^{-1}X]\operatorname{vec}(dY)$$

ここで $A = A'$ に対して $\operatorname{vec}(A) = D_n \nu(A)$（定理 A.7.5）であるから，

$$d^2 g(Y) = (\nu(dY))'D_n'[aY^{-1} \otimes Y^{-1} + (c-a)(I-Y) \otimes (I-Y)^{-1}$$
$$- b(I-XY)^{-1}X \otimes (I-XY)^{-1}X]D_n\nu(dY)$$

となる．$X, \hat{Y}$ が対角行列であるから，定理 A.7.5(d) より

$$|g''| = 2^{\frac{1}{2}m(m-1)} \prod_{i=1}^{m} \prod_{j=i}^{m} \left\{ \frac{a}{\hat{y}_i\hat{y}_j} + \frac{c-a}{(1-\hat{y}_i)(1-\hat{y}_j)} - \frac{bx_ix_j}{(1-x_i\hat{y}_i)(1-x_j\hat{y}_j)} \right\}$$

また

$$h(\hat{Y}) = (B_m(a, c-a))^{-1} \left\{ \prod_{i=1}^{m} \hat{y}_i(1-\hat{y}_i) \right\}^{-\frac{1}{2}(m+1)}$$

以上をまとめると，Laplace 近似 $_2\hat{F}_1(a, b; c; X)$ を得る． □

較正： $_2F_1(a, b; c; O) = 1$ であるから Laplace 近似も同様の性質をもつように修正する．

$$_2\widetilde{F}_1(a, b; c; X) = \frac{_2\hat{F}_1(a, b; c; X)}{_2\hat{F}_1(a, b; c; O)}$$

$X = O$ とすると，$\hat{y}_i = a/c$, $i = 1, 2, \ldots, m$ である．よって

$$_2\hat{F}_1(a, b; c; O) = \frac{2^{m/2}\pi^{\frac{1}{2}m(m+1)}}{B_m(a, c-a)} \cdot \frac{a^{mc-\frac{1}{4}m(m+1)}(c-a)^{m(c-a)-\frac{1}{4}m(m+1)}}{c^{mc-\frac{1}{4}m(m+1)}}$$

であるから (5.3.1) を得る.　　　　　　　　　　　　　　　　　□

【例 5.3.1】　(Butler and Wood, 2002)

A を m 次元 Wishart 行列とし，$A \sim W_m(\Sigma, n)$ とする.

$$A = \begin{bmatrix} A_{11} & A_{12} \\ A_{21} & A_{22} \end{bmatrix}, \quad \Sigma = \begin{bmatrix} \Sigma_{11} & \Sigma_{12} \\ \Sigma_{21} & \Sigma_{22} \end{bmatrix},$$

$$A_{ij}, \Sigma_{ij} : m_i \times m_j \text{行列} \ (m = m_i + m_j)$$

とする. 仮説 $H : \Sigma_{12} = 0$ に対する尤度比規準は

$$W = |A|/\{|A_{11}|\,|A_{22}|\}$$

である. 対立仮説 $K : \Sigma_{12} \neq 0$ のもとでの W の積率は

$$E[W^s] = \frac{\Gamma_{m_1}\left(\frac{n}{2}\right)\Gamma_{m_1}\left(\frac{n-m_2}{2}+s\right)}{\Gamma_{m_1}\left(\frac{n}{2}+s\right)\Gamma_{m_1}\left(\frac{n-m_2}{2}\right)} \cdot \left|I_{m_1}-P^2\right|^{n/2} {}_2F_1\left(\frac{n}{2}, \frac{n}{2}; \frac{n}{2}+s; P^2\right)$$

$$(5.3.2)$$

である. $P = \text{diag}\,(\rho_1, \rho_2, \ldots, \rho_{m_1})$, $\rho_i\ (i=1,2,\ldots,m)$ は $\Sigma_{11}^{-1}\Sigma_{12}\Sigma_{22}^{-1}\Sigma_{21}$

表 5.1　尤度比規準の積率の比較

(m_1,m_2,n)		積率			
		1 次	2 次	3 次	4 次
(2,3,10)		$P = \text{diag}(0.3, 0.8)$			
	10^6 回計算	0.17602	0.045659	0.015584	$0.0^2 64957$
	${}_2\widetilde{F}_1$	0.17606	0.045722	0.015628	$0.0^2 65209$
	相対誤差 (%)	0.0234	0.140	0.282	0.387
(5,7,20)		$P = \text{diag}(0.4(0.1), 0.8)$			
	10^6 回計算	$0.0^2 74312$	$0.0^3 10603$	$0.0^5 255844$	$0.0^7 95614$
	${}_2\widetilde{F}_1$	$0.0^2 74248$	$0.0^3 10588$	$0.0^5 25496$	$0.0^7 94246$
	相対誤差 (%)	-0.0869	-0.143	-0.344	-1.43
(10,13,40)		$P = \text{diag}(0.1(0.1), 0.9, 0.95)$			
	10^6 回計算	$0.0^4 141332$	$0.0^9 40854$	$0.0^{13} 21700$	$0.0^{17} 20176$
	${}_2\widetilde{F}_1$	$0.0^4 14328$	$0.0^9 40727$	$0.0^{13} 21577$	$0.0^{17} 20214$
	相対誤差 (%)	-0.0284	-0.312	-0.566	0.187

の固有値であり，正準相関係数という (Anderson, 2003, chapter 12; Muirhead, 1982, 定理 11.2.6). W を 10^6 個生成して $s\,(=1\,(1)\,4)$ 次の積率を推定する．また $_2\widetilde{F}_1$ を用いて $E[W^s]$ を求めて比較をする．

表 5.1 の相対誤差は非常に良いことを示している．

5.3.2 合流型超幾何関数 $_1F_1(a;c;X)$ の Laplace 近似

(5.2.8) より

$$\lim_{b\to\infty}\ _2F_1\left(a,b;c;\frac{1}{b}X\right) = {}_1F_1(a;c;X)$$

であるため，較正 $_2\widetilde{F}_1(a,b;c;X)$ を用いて求めることができる[2]．

定理 5.3.2

$$_1\widetilde{F}_1(a;c;X) = c^{mc-\frac{1}{4}m(m+1)}\prod_{i=1}^{m}\left(\frac{\hat{z}_i}{a}\right)^a\left(\frac{1-\hat{z}_i}{c-a}\right)^{c-a}\exp(x_i\hat{z}_i)$$

$$\times\left[\prod_{i=1}^{m}\prod_{j=i}^{m}\left(\frac{\hat{z}_i\hat{z}_j}{a}+\frac{(1-\hat{z}_i)(1-\hat{z}_j)}{c-a}\right)\right]^{-1/2} \tag{5.3.3}$$

（証明）

$$\lim_{b\to\infty}\hat{y}_i = \frac{2a}{\sqrt{(x_i-c)^2+4ax_i}-(x_i-c)} = \hat{z}_i, \quad i=1,2,\dots,m$$

$$\lim_{b\to\infty}\left(1-\frac{x_i}{b}\hat{y}_i\right)^{-b} = \exp(x_i\hat{z}_i), \quad i=1,2,\dots,m$$

を用いればよい．   □

【例 5.3.2】 (Butler and Wood, 2002)

S_1 を m 次元非心 Wishart 行列とし，$S_1 \sim W_m(\sum, n_1, \Omega)$ とする（定理 A.8.3 を参照）．$S_2 \sim W_m(\sum, n_2)$ とし，S_1 と S_2 は互いに独立とする．仮説 $H:\Omega=0$ に対する Wilks の Λ 統計量は

---

[2]Laplace 積分の 2 次近似に関して，Kass, Tierney and Kadane (1990) が取り扱っている．$_1\widetilde{F}_1$ の 2 次近似については，豊島・橋口 (2015) を参照されたい．

$$\Lambda^{2/n_2} = W = \frac{|S_2|}{|S_1 + S_2|}$$

と定義される.

$$E[W^s] = \frac{\Gamma_m\left(\frac{n_2}{2} + s\right)\Gamma_m\left(\frac{n_1+n_2}{2}\right)}{\Gamma_m\left(\frac{n_2}{2}\right)\Gamma_m\left(\frac{n_1+n_2}{2} + s\right)}\ {}_1F_1\left(s; s + \frac{n_1 + n_2}{2}; -\frac{1}{2}\Omega\right) \quad (5.3.4)$$

である (Muirhead, 1982, 定理 10.5.1).

W を 10^6 個生成して $s = 1\,(1)\,4$ 次の積率を求める. ${}_1\widetilde{F}_1$ より同様にして, s 次の積率を求めて比較する.

表 5.2　尤度比規準の積率の比較

(m_1, n_1, n_2)		積率			
		1 次	2 次	3 次	4 次
		$\Omega = \mathrm{diag}(\frac{1}{2}, 1)$			
(2,3,10)	10^6 回計算	0.52304	0.30478	0.19201	0.12829
	${}_1\widetilde{F}_1$	0.52303	0.30480	0.19203	0.12835
	相対誤差 (%)	-0.0^2223	0.0^2793	0.0244	0.0453
		$\Omega = \mathrm{diag}\left(\frac{1}{4}\left(\frac{1}{4}\right)1, 1, \frac{1}{2}\right)$			
(5,5,20)	10^6 回計算	0.25194	0.072381	0.023191	0.0^28146
	${}_1\widetilde{F}_1$	0.25216	0.072492	0.023234	0.0^281616
	相対誤差 (%)	0.0874	0.152	0.188	-0.191
		$\Omega = \mathrm{diag}\left(0, \frac{1}{4}, \frac{1}{2}, 1\left(\frac{1}{2}\right)3\right)$			
(8,7,40)	10^6 回計算	0.19717	0.042209	0.0^297948	0.0^224312
	${}_1\widetilde{F}_1$	0.19715	0.042283	0.0^297861	0.0^224271
	相対誤差 (%)	-0.0^2668	-0.0358	-0.0889	-0.166

5.3.3　Bessel 型超幾何関数 ${}_0F_1(a; X)$ の Laplace 近似

定理 5.3.3　(Butler and Wood, 2003)

Bessel 関数 ${}_0F_1(a; X)$ の較正 Laplace 近似は

$$_0\widetilde{F}_1(a;X) = \prod_{i=1}^{m}\{(1-\hat{y}_i^2)^{n/2}\exp(x_i\hat{y}_i)\} \cdot \left[\prod_{i=1}^{m}\prod_{j=i}^{m}(1-\hat{y}_i^2\hat{y}_j^2)\right]^{-1/2}$$

$$(5.3.5)$$

となる. ここで, $X_d = \mathrm{diag}(x_1, x_2, \ldots, x_m)$ とし,

$$\hat{y}_i = \frac{2x_i}{\sqrt{4x_i^2+n^2+n}}, \quad i \doteq 1, 2, \ldots, n$$

である.

(証明) 定理 5.2.1 の (5.2.5) において

$$g(Y) = -\mathrm{tr}\,X_d Y - \frac{n}{2}\log|I-YY'|$$

$$h(Y) = |I_m - YY'|^{-m-\frac{1}{2}}$$

とする.

$$dg(Y) = -\mathrm{tr}\,X_d(dY) + \frac{n}{2}\,\mathrm{tr}\{(I-YY')^{-1}((dY)Y' + Y(dY'))\}$$

$$= [-\mathrm{vec}(X_d) + n\,\mathrm{vec}((I-YY')^{-1}Y)]'\mathrm{vec}(dY)$$

より $dg(Y) = 0$ を満たす Y は定理 5.3.1 と同様にして

$$\hat{y}_i = \frac{2x_i}{\sqrt{4x_i^2+n^2+n}}, \quad i = 1, 2, \ldots, m$$

となる. このとき $\hat{y}_i \in (-1, 1)$ となる.

ヘシアンを求めるために $G = (I-YY')^{-1}$ とすると,

$$d^2g(Y) = n[\mathrm{vec}(G((dY)Y' + Y(dY'))GY + G(dY))'\mathrm{vec}(dY)]$$

ここで $\mathrm{vec}(ABC) = (C' \otimes A)\mathrm{vec}(B)$ を用いて,

$$\mathrm{vec}(GY \cdot (dY') \cdot GY) = (Y'G \otimes GY)\mathrm{vec}(dY')$$

$$= (Y'G \otimes GY)K_{mm}\mathrm{vec}(dY)$$

$$\mathrm{vec}(G(dY) \cdot (Y'GY + I_m)) = ((Y'GY + I) \otimes G)\mathrm{vec}(dY)$$

よって, $K_{mm} = K'_{mm}$ より

$$d^2g(Y) = n\,\mathrm{vec}(dY)'[K_{mm}(GY \otimes Y'G) + (Y'GY + I) \otimes G]\mathrm{vec}(dY)$$

となる．このとき，$K_{mm}(GY \otimes Y'G)$ は対称行列であり，$K_{mm}(GY \otimes Y'G)$ と $(Y'GY + I) \otimes G$ とは可換であることに注意．

さて，$K_{mm}(\hat{G}\hat{Y} \otimes \hat{Y}'\hat{G})$ の固有値は，$\hat{G}\hat{Y}$ が対角行列であるから，特異値分解より $\sqrt{\lambda_i} = \hat{y}_i/(1 - \hat{y}_i^2)$ とすると，固有値は定理 A.7.8(c) を用いて

$$\lambda_i = \frac{\hat{y}_i^2}{(1 - \hat{y}_i^2)^2}, \quad \sqrt{\lambda_i \lambda_j} = \frac{\hat{y}_i \hat{y}_j}{(1 - \hat{y}_i^2)(1 - \hat{y}_j^2)} \quad (i < j),$$

$$-\sqrt{\lambda_i \lambda_j} = -\frac{\hat{y}_i \hat{y}_j}{(1 - \hat{y}_i^2)(1 - \hat{y}_j^2)} \quad (i > j)$$

となる．また，$(Y'GY + I) \otimes \hat{G} = \hat{G} \otimes \hat{G}$ であるから，固有値は

$$\mu_i = \frac{1}{(1 - \hat{y}_i^2)^2}, \quad \mu_{ij} = \begin{cases} \dfrac{1}{(1 - \hat{y}_i^2)(1 - \hat{y}_j^2)} & (i < j) \\ \dfrac{1}{(1 - \hat{y}_i^2)(1 - \hat{y}_j^2)} & (i > j) \end{cases}$$

となる．よって

$$\left| g''(\hat{Y}) \right| = n^{m^2} \prod_{i=1}^{m} \left(\frac{1 + \hat{y}_i^2}{(1 - \hat{y}_i^2)^2} \right) \prod_{1 \le i < j \le m} \left(\frac{1 - \hat{y}_i^2 \hat{y}_j^2}{(1 - \hat{y}_i^2)^2 (1 - \hat{y}_j^2)^2} \right)$$

以上をまとめて ${}_0F_1$ の Laplace 近似を得る．

$$
{}_0\hat{F}_1 \left(\frac{n}{2}; \frac{1}{4} XX' \right) = \left(\frac{2}{n} \right)^{m^2/2} \frac{\Gamma_m(\frac{n}{2})}{\Gamma_m(\frac{1}{2}(n - m))}
$$

$$
\times J_{0,1}^{-1/2} \prod_{i=1}^{m} \{ (1 - \hat{y}_i^2)^{\frac{1}{2}(n - 2m - 1)} \exp(x_i \hat{y}_i) \}
$$

$$
J_{0,1} = \prod_{i=1}^{m} \frac{1 + \hat{y}_i^2}{(1 - \hat{y}_i^2)^2} \cdot \prod_{1 \le i < j \le m} \frac{1 - \hat{y}_i^2 \hat{y}_j^2}{(1 - \hat{y}_i^2)^2 (1 - \hat{y}_j^2)^2}
$$

ここで $X = O$ とすると $\hat{y}_i = 0$ であるから較正 Laplace 近似は (5.3.5) となる．　　　　　　　　　　　　　　　　　　　　　　　　　　　　　　　$\square$

【例 5.3.3】 (Butler and Wood, 2003)

$H^{(1)}, \ldots, H^{(10^6)}$ は一様分布に従う m 次直交行列の生成列とする (Muirhead, 1982, p.72)．${}_0F_1 \left(\frac{n}{2}, \frac{1}{4} XX' \right)$ のモンテカルロ推定量を (5.2.4)

を利用して，

$$_0\breve{F}_1 = \frac{1}{10^6} \sum_{i=1}^{10^6} \mathrm{etr}(X_d Y^{(i)}) = \frac{1}{10^6} \sum_{i=1}^{10^6} \exp\left\{\sum_{j=1}^{m} x_j y_{jj}^{(i)}\right\}$$

とする．各 $H^{(i)}$ は Wishart 行列 $W_m(df, I_m)$ の固有ベクトルによって構成される行列から作られる．ここで $_0F_1$ の 95% 信頼区間を求め，$_0\widetilde{F}_1$ と比較する．

表 5.3 から df（自由度）が大きくなるほど相対誤差は大きくなることがわかる．

表 5.3 $_0F_1$ のシミュレーションによる推定値と較正 Laplace 近似

m	n	X_d	df（自由度）	$_0\hat{F}_1$（95% 信頼区間）	$_0\widetilde{F}_1$	相対誤差 (%)
2	2	1, 2	20	3.0742 ± 0.0101	3.030	-1.44
	4	1, 2	20	1.8057 ± 0.0044	1.812	0.371
	6	1, 2	20	1.4967 ± 0.0030	1.499	0.180
	5	5, 10	100	2505.8 ± 54.5	2409.0	-3.86
5	5	1(1)5	800	137.13 ± 5.20	124.3	-9.35
	10	1(1)5	100	13.473 ± 0.2005	13.62	1.09
	20	1(1)5	100	3.8651 ± 0.0253	3.864	-0.035
7	7	1(1)7	1200	7069.4 ± 1136.5	6365.0	-9.96
	14	1(1)7	1200	110.04 ± 5.553	115.51	4.97
	20	1(1)7	800	29.915 ± 0.4359	29.910	-0.0167

第 **6** 章

多変量解析

6.1 多次元データの広がり

m 次元の連続な確率変数のデータを $x_1, \ldots, x_N$ とし, $z_\alpha = x_\alpha - \overline{x}$, $\overline{x} = \sum_{\alpha=1}^{N} x_\alpha / N$ とする. 平均 $\overline{x}$ のまわりのデータの「広がり」および「変数の関連性」を表わす積和行列を $A = \sum_{\alpha=1}^{N} z_\alpha z'_\alpha$, $N > m$ とし, $(N-1)S = A$ とする. このとき A は確率 1 で正値定符号である. すなわち

$$\text{i.e.} \quad P\{A > 0; N > m\} = 1$$

ここで, $Z = [z_1, \ldots, z_N]_{m \times N}$ の行ベクトルを $y'_i = (z_{i1}, \ldots, z_{iN}), i = 1, 2, \ldots, m$ とすると, $y_1, \ldots, y_m$ は N 次元空間内の m 個の点となる. このとき $y_1, \ldots, y_m$ の作る平行多面体の体積は $|A|$ であり, データの広がりを示す尺度となる (Anderson, 2003). また $(N-1)^m |S| = |A|$ を一般化分散という.

統計量を表現するために, 仮説を評価する部分と変動を評価する部分に分ける. 多変量解析では, 仮説とデータとの乖離を評価するものを仮説行列 A_h とし, A_h が Löwner の不等式の意味で大きいときに, 仮説はデータから離れているとする. 一方, データは確率的に変動するので, その部分を誤差行列 A_e とする. 仮説が成立しているとして, その変動を評価する. このような考え方により, 表 6.1 の形の統計量が提案されている. こ

表 6.1 多変量解析における基本統計量

行列	行列式	Trace	最大（小）固有値
A_e	一般化分散		
ベータ行列 $A_e(A_h+A_e)^{-1}$	尤度比規準	Bartlett-Nanda-Pillai 統計量	Roy の統計量
F-行列 $A_h A_e^{-1}$		Lawley-Hotelling 統計量[1]	

れらの統計量は，行列の固有値で表現されるため，付録 A.6(7) の性質が
基本的な役割を演じる.

6.2　Λ 統計量

回帰モデルを $Z = BX + E$ とする. Z は $m \times (n+q)$ 観測行列，B
は $m \times q$ 回帰行列，X は $q \times (n+q)$ 既知行列，$\mathrm{rank}(X) = q$ として，
E は $m \times (n+q)$ 行列で，列ベクトル e_α は互いに独立で $e_\alpha \sim N(0, \Sigma)$,
$\alpha = 1, 2, \ldots, (n+q)$ とする. このとき，仮説 $H : B = B_0$ （与えられる
行列），対立仮説 $K : B \neq B_0$ に対する尤度比規準は

$$\lambda^{2/(n+q)} = \frac{\left|(Z - \hat{B}X)(Z - \hat{B}X)'\right|}{|(Z - B_0 X)(Z - B_0 X)'|}, \quad \hat{B} = ZX'(XX')^{-1}$$

となる. これより

$$\frac{\left|(Z - \hat{B}X)(Z - \hat{B}X)'\right|}{\left|(Z - \hat{B}X)(Z - \hat{B}X)' + (\hat{B} - B_0)(XX')(\hat{B} - B_0)'\right|}$$

とでき，

$$S_e = (Z - \hat{B}X)(Z - \hat{B}X)' \quad : 誤差行列$$

---

[1] Lawley-Hotelling 統計量は重要な統計量ではあるが，統計量の精確な密度関数が行
列変数のラゲール多項式の級数和として表現され，本書の扱う範囲を超えてしまうた
め，解説は割愛した.

$$S_h = (\hat{B} - B_0)(XX')(\hat{B} - B_0)' \quad : 仮説行列$$

とする. データが仮説より離れていれば, Löwner の不等式で S_h は大きくなるので, λ が小さい場合に仮説を棄却する.

仮説 $H : B = B_0$ のもとで

$$S_e = E(I_{n+q} - X'(XX')^{-1}X)E' \sim W(\Sigma, n)$$

$$S_h = EX'(XX')^{-1}XE' \sim W(\Sigma, q)$$

となり, 互いに独立である. 特にこの検定統計量を

$$\Lambda_{m,q,n} = \left| S_e(S_e + S_h)^{-1} \right| \tag{6.2.1}$$

と記し, Wilks の Λ 統計量という. $\Lambda_{m,q,n}$ はベータ確率変数の積で表現される.

Anderson (2003) より

① $\log \Lambda_{m,q,n} \sim \sum_{i=1}^{m} \log \mathrm{Be}\left(\frac{1}{2}(n-i+1), \frac{q}{2}\right)$

② $\log \Lambda_{m,q,n} \sim \sum_{i=1}^{r} \log \mathrm{Be}(n-2i+1, q) + w_m \log \mathrm{Be}\left(\frac{1}{2}(n-2r), \frac{q}{2}\right)$

$$w_m = \begin{cases} 1 & : m = 2r+1 \\ 0 & : m = 2r \end{cases}$$

となる. ここで $\mathrm{Be}(a, b)$ は母数 (a, b) のベータ確率変数である.

①の場合: 問題を指数分布族の中に埋め込む方法をとる.

$$Y_{ij} \sim \mathrm{Ga}(\theta_{ij}, -\beta_{2i}), \ i = 1, 2, \ldots, m, \ j = 1, 2, \ \beta_{2i} < 0$$

とし, これらは互いに独立とする.

$$\theta_{ij} = 1 + \left\{ \beta_1 + \frac{1}{2}(n-i+1) - 1 \right\} \chi(j=1) + \left(\frac{q}{2} - 1 \right) \chi(j=2) \tag{6.2.2}$$

とし, $\chi(\cdot)$ はカッコ内の値に対する指示関数とする.

このとき, $Y_{i\cdot} = Y_{i1} + Y_{i2} \sim \mathrm{Ga}(\theta_{i\cdot}, -\beta_{2i})$, $\theta_{i\cdot} = \theta_{i1} + \theta_{i2}$ であり, $Y_{i1}/Y_{i\cdot}$ は $\mathrm{Be}(\theta_{i1}, \theta_{i2})$ 分布に従い, $Y_{i\cdot}$ と互いに独立となる. 特に $\beta_1 = 0$

のとき，

$$Y_{i1}/Y_{i\cdot} \sim \mathrm{Be}\left(\frac{1}{2}(n-i+1), \frac{q}{2}\right)$$

となる.

ここで

$$B = \sum_{i=1}^{m} B_i, \ B_i = \log \mathrm{Be}\left(\frac{1}{2}(n-i+1), \frac{q}{2}\right), \ T = \sum_{i=1}^{m} \log Y_{i1}$$

とする. $t < 0$ に対して

$$
\begin{aligned}
P\{\log \Lambda_{m,q,n} \le t\} &= P\{B \le t; \beta_1 = 0\} \\
&= P\{B \le t \mid (Y_{i\cdot} = y_{i\cdot}, i = 1, 2, \ldots, m) : \beta_1 = 0\} \\
&= P\{T \le t + \sum_{i=1}^{m} \log y_{i\cdot} \mid (Y_{i\cdot} = y_{i\cdot}, i = 1, 2, \ldots, m) : \beta_i = 0\}
\end{aligned}
$$

$$(6.2.3)$$

となる. これより Skovgaard (1987) による条件付き分布に関する Lugan-nani-Rice の公式を用いる.

補題 6.2.1

母数 $\beta' = (\beta_1, \beta_2')$ をもつ指数分布族の尤度関数を

$$f(y; \beta_1, \beta_2) \propto \exp\{\beta_1 t(y) + \beta_2' u(y) - K(\beta_1, \beta_2) - d(y)\}$$

とする. $(T, U') = (t(Y), u(Y)')$ は正準十分統計量とする. t, β_1 は 1 次元とし, $\beta' = (\beta_1, \beta_2')$ は正準母数とする. このとき

$$P\{T \le t \mid U = u, \beta_1 = \beta_{10}\} = \Phi(\zeta) + \phi(\zeta)\left\{\frac{1}{\zeta} - \frac{1}{\xi}\right\}$$

$$\zeta = \mathrm{sgn}(\hat{\beta}_1 - \beta_{10})\left[-2\log\left\{\frac{f(y; \hat{\beta}_0)}{f(y; \hat{\beta})}\right\}\right]^{1/2}$$

$$\xi = (\hat{\beta}_1 - \beta_{10})\left\{\frac{|j(\hat{\beta})|}{|j_{22}(\hat{\beta}_0)|}\right\}^{1/2}$$

となる．ここで，

$$j(\beta) = \frac{\partial^2 K}{\partial\beta\partial\beta'}, \quad j_{22}(\beta) = \frac{\partial^2 K}{\partial\beta_2\partial\beta'_2}$$

また，$\hat{\beta}$ は $\dfrac{\partial K}{\partial\beta}\bigg|_{\beta=\hat{\beta}} = (t, u')'$ の解であり，$\hat{\beta}'_0 = (\beta_{10}, \hat{\beta}'_{2(0)})$ は $\dfrac{\partial K}{\partial\beta_2}\bigg|_{\beta=\hat{\beta}_0}$ $= u$ の解である．

証明は省略する．

さて，母数 $(\beta_1, \beta_{21}, \ldots, \beta_{2m})$ の尤度関数は，

$$\mathcal{L}(\beta_1, \beta_{21}, \ldots, \beta_{2m}) \propto \beta_1 \sum_{i=1}^{m} \log y_{i1} + \sum_{i=1}^{m} \beta_{2i}y_{i\cdot} - K(\beta_1, \beta_{21}, \ldots, \beta_{2m})$$

$$(6.2.4)$$

$$K(\beta_1, \beta_{21}, \ldots, \beta_{2m}) = \sum_{i=1}^{m} \left\{ \log\Gamma\left(\beta_1 + \frac{1}{2}(n - i + 1)\right) \right.$$
$$\left. - \left(\beta_1 + \frac{1}{2}(n + q - i + 1)\log(-\beta_{2i})\right) \right\}$$

$$(6.2.5)$$

となるが，K は指数分布の性質より $(\beta_1, \beta_{21}, \ldots, \beta_{2m})$ のキュムラント母関数に対応している．ここで $\hat{\beta}' = (\hat{\beta}_1, \hat{\beta}_{21}, \ldots, \hat{\beta}_{2m})$ を無制限の鞍点とすると，次のような方程式が得られる．

$$\frac{\partial K}{\partial\beta_{2i}}\bigg|_{\beta=\hat{\beta}} = y_{i\cdot}, \quad i = 1, 2, \ldots, m, \quad \frac{\partial K}{\partial\beta_1}\bigg|_{\beta=\hat{\beta}} = t + \sum_{i=1}^{m} \log y_{i\cdot}$$

これより，

$$-\hat{\beta}_{2i} = \left(\hat{\beta}_1 + \frac{1}{2}(n + q - i + 1)\right) \bigg/ y_{i\cdot} \qquad (6.2.6)$$

$$\sum_{i=1}^{m} \left[\psi\left(\hat{\beta}_1 + \frac{1}{2}(n - i + 1)\right) - \log\left(\hat{\beta}_1 + \frac{1}{2}(n + q - i + 1)\right)\right] - t = 0$$

$$(6.2.7)$$

となる．ここで ψ はガンマ関数を微分したディガンマ関数である．

次に制限付き鞍点を $\hat{\beta}_0 = (0, \hat{\beta}_{21(0)}, \ldots, \hat{\beta}_{2m(0)})$ と定義すると,

$$-\hat{\beta}_{2i(0)} = \frac{1}{2}(n + q - i + 1)/y_{i\cdot}, \quad i = 1, 2, \ldots, m \tag{6.2.8}$$

となる. ヘシアンは容易に

$$\left| j(\hat{\beta}) \right| = \sum_{i=1}^{m} \left[\psi'\left(\hat{\beta}_j + \frac{1}{2}(n - i + 1) \right) - \left\{ \hat{\beta}_1 + \frac{1}{2}(n + q - i + 1) \right\} \right]^{-1}$$

$$\times \prod_{i=1}^{m} \left[y_{i\cdot}^2 \bigg/ \left\{ \hat{\beta}_1 + \frac{1}{2}(n + q - i + 1) \right\} \right] \tag{6.2.9}$$

$$\left| j_{22}(\hat{\beta}_0) \right| = \prod_{i=1}^{m} \left[y_{i\cdot}^2 \bigg/ \left\{ \frac{1}{2}(n + q - i + 1) \right\} \right] \tag{6.2.10}$$

と求まる. ここで, $\left| j(\hat{\beta}) \right| / \left| j_{22}(\hat{\beta}_0) \right|$ は $y_{i\cdot}$ に無関係であって $\hat{\beta}_1$ のみの関数であるが, $\hat{\beta}_1$ は $y_{i\cdot}$ に無関係である. よって条件を付ける $\{y_{i\cdot}\}$ がいかなる値であっても同じ値となる.

②の場合:　①の場合と同様に

$$Y_{ij} \sim \mathrm{Ga}(\theta_{ij}, -\beta_{2i}), \ i = 1, 2, \ldots, r + 1; \ j = 1, 2$$

とし,

・$m = 2r$ のとき

$$\theta_{ij} = 1 + (\beta_1 + (n - 2i))\chi(j = 1) + (q - 1)\chi(j = 2), \ i = 1, 2, \ldots, r \tag{6.2.11}$$

・$m = 2r + 1$ のとき

$$\theta_{r+1,j} = 1 + \left\{ \frac{1}{2}\beta_1 + \frac{1}{2}(n - 2r) - 1 \right\}\chi(j = 1) + \left(\frac{q}{2} - 1 \right)\chi(j = 2) \tag{6.2.12}$$

とする. このとき, $\beta' = (\beta_1, \beta_{21}, \ldots, \beta_{2r}, w_m \beta_{2,r+1})$ の尤度関数は

$$f(y;\beta) \propto \exp\left[\beta_1\left(\sum_{i=1}^{r}\log y_{i1} + \frac{1}{2}w_m\log y_{r+1,\cdot}\right)\right.$$

$$+ \sum_{i=1}^{r}(\beta_{2i}y_{i\cdot} + w_m\beta_{2,r+1}y_{r+1,\cdot})$$

$$\left. - K(\beta_1,\beta_{21},\ldots,\beta_{2r},w_m\beta_{2,r+1})\right] \qquad (6.2.13)$$

となり，

$$K(\beta_1,\beta_{21},\ldots,\beta_{2r},\beta_{2,r+1})$$

$$=\sum_{i=1}^{r}\{\log\Gamma(\beta_1+n-2i+1)-(\beta_1+n+q-2i+1)\log(-\beta_{2i})\}$$

$$+ w_m\left\{\log\Gamma\left(\frac{1}{2}(\beta_1+n-2r)\right)-\frac{1}{2}(\beta_1+n+q-2r)\log(-\beta_{2,r+1})\right\}$$

$$(6.2.14)$$

である．これより正準母数 $\beta' = (\beta_1,\beta_{21},\ldots,\beta_{2r},w_m\beta_{2,r+1})$ に対する正準十分統計量は

$$T = \left(\sum_{i=1}^{r}\log Y_{i1} + \frac{1}{2}w_m\log Y_{r+1,\cdot}, Y_{1\cdot},\ldots,Y_{r\cdot},w_mY_{r+1,\cdot}\right)' \quad (6.2.15)$$

となる．

ここで $\beta_1 = 0$ の場合について，$B_i = \log(Y_{i1}/Y_{i\cdot})$, $i = 1,2,\ldots,r,r+1$ とするとき，

$B_i \sim \log(\mathrm{Be}(n-2i+1,q))$, $i = 1,2,\ldots,r$ であり $Y_{i\cdot}$ と独立である

$B_{r+1} \sim \log\left(\mathrm{Be}\left(\frac{1}{2}(n-2r),\frac{1}{2}q\right)\right)$ であり $Y_{r+1,\cdot}$ と独立である

となる．また

$$\log \Lambda_{m,q,n} = 2 \sum_{i=1}^{r} B_i + w_m B_{r+1}$$

$$= 2T - 2 \sum_{i=1}^{r} \log Y_{i\cdot} - w_m \log Y_{r+1}$$

ゆえに

$P\{\log \Lambda_{m,q,n} \leq t\}$

$= P\left\{ 2 \sum_{i=1}^{r} B_i + w_m B_{r+1} \leq t \,\middle|\, (Y_{i\cdot}=y_{i\cdot}; i=1,\ldots,r+1); \beta_1=0 \right\}$

$= P\left\{ T \leq \frac{1}{2}t + \sum_{i=1}^{r} \log y_{i\cdot} + \frac{1}{2} w_m \log y_{i+1,\cdot} \,\middle|\, (Y_{i\cdot}=y_{i\cdot}; i=1,\ldots,r+1); \beta_1=0 \right\}$

$$(6.2.16)$$

これより Skovgaard (1987) による近似をすることにより，補題 6.2.1 を用いる．この際，各母数の鞍点は次のようになる．

(a)　無制限鞍点

$$-\hat{\beta}_{2i} = \frac{\hat{\beta}_1 + n + q - 2i + 1}{y_{i\cdot}}, \ \ i = 1, 2, \ldots, r \tag{6.2.17}$$

$$\beta_{2,r+1} = -\frac{1}{2} \frac{(\hat{\beta}_1 + n + q - 2r)}{y_{r+1,\cdot}} \tag{6.2.18}$$

また，

$$\left. \frac{\partial K}{\partial \beta_1} \right|_{\beta=\hat{\beta}} = \frac{1}{2}t + \sum_{i=1}^{r} \log y_{i\cdot} + \frac{1}{2} w_m \log y_{r+1,\cdot}$$

より $\{\hat{\beta}_{2i}\}$ を代入することで $\hat{\beta}_1$ は

$$\sum_{i=1}^{r}\{\psi(\hat{\beta}_1 + n - 2i + 1) - \log(\hat{\beta}_1 + n + q - 2i + 1)\}$$

$$+ \frac{1}{2}w_m\left[\psi\left(\frac{1}{2}(\hat{\beta}_1 + n - 2r)\right) - \log\left(\frac{1}{2}(\hat{\beta}_1 + n + q - 2r)\right)\right] = \frac{t}{2}$$

$$(6.2.19)$$

を解くことで得られる．このとき $-(n - m + 1) < \hat{\beta}_1 < \infty$ を満たさねばならない．

(b)　制限付き鞍点

$\hat{\beta}_1 = 0$ とすることで β_{2i} の鞍点を得ることができる．ヘシアンは，

$$\left|j(\hat{\beta})\right| = \left(\sum_{i=1}^{r}\left[\psi'(\hat{\beta}_1 + n - 2i + 1) - (\hat{\beta}_1 + n + q - 2i + 1)^{-1}\right]\right.$$

$$+ \frac{1}{2}w_m\left[\frac{1}{2}\psi'\left(\frac{1}{2}(\hat{\beta}_1 + n - 2r)\right) - (\hat{\beta}_1 + n + q - 2r)^{-1}\right]\right)$$

$$\times \prod_{i=1}^{r}\left\{\left(\frac{y_{i\cdot}^2}{\hat{\beta}_1 + n + q - 2i + 1}\right) \times \left(\frac{2y_{r+1,\cdot}^2}{\hat{\beta}_1 + n + q - 2r}\right)\right\}^{w_m} \quad (6.2.20)$$

$$\left|j_{22}(\hat{\beta}_0)\right| = \prod_{i=1}^{r}\left\{\frac{y_{i\cdot}^2}{n + q - 2i + 1}\right\} \times \left\{\frac{2y_{r+1,\cdot}^2}{n + q - 2r}\right\}^{w_m} \quad (6.2.21)$$

①の場合と同様に $\{y_{i\cdot}\}$ の値に無関係になる．

【例 6.2.1】　Wilks の Λ 統計量 $\Lambda_{m,q,n}$ の分位点については，多くの文献がある．

Schatzoff (1966), Pillai and Gupta (1969), Lee (1972).

0.100, 0.050, 0.025, 0.010, 0.005 に対する精確な分位点を上記の文献より求め，①，②の場合について確率を近似する（表 6.2）．

表 6.2

確率	$m=5, q=6, n=20$		$m=6, q=5, n=21$	
	①	②	①	②
0.100	0.0962	0.0993	0.0922	0.0991
0.050	0.0467	0.0499	0.0456	0.0498
0.025	0.0238	0.0248	0.0224	0.0248
0.010	0.0094	0.0099	0.0087	0.0099
0.005	0.0047	0.0050	0.0043	0.0050

これより，①より②の方が近似の精度が高いようである[2]．

6.3　Bartlett-Nanda-Pillai 統計量

多変量解析における基本的統計量として Bartlett-Nanda-Pillai 統計量（以下 B-N-P 統計量と記す）がある (Bartlett, 1939; Nanda, 1950; Pillai, 1955)．

$S_e \sim W(\Sigma_e, n)$, $S_h \sim W(\Sigma_h, q)$ は互いに独立とする．仮説 $H : \Sigma_e = \Sigma_h$ に対する検定統計量を

$$V = \operatorname{tr} S_e(S_e + S_h)^{-1} \tag{6.3.1}$$

とし，$V < V_0$ のとき仮説を棄却する．B-N-P 統計量の n が大きいときの分布関数（検出力関数）の導出については多くの文献で取り扱われている (Fujikoshi, 1970; Muirhead, 1970)．また $m=1$ のとき V はベータ分布となる．

ここで Σ_e, Σ_h について次のような母数表示をする．

$$\Sigma_e^{-1} = -2\beta I_m + \Delta, \quad \Sigma_h^{-1} = \Delta, \quad \Delta = \Delta' = (\delta_{ij}) > 0 \tag{6.3.2}$$

よって $H : \Sigma_e = \Sigma_h \iff \beta = 0$ となる．このとき，(β, Δ) の尤度関数

---

[2] Butler, Huzurbazar and Booth (1992a) は他にも興味ある近似について論じている．

は

$$\mathcal{L}(\beta,\Delta) \propto \exp\left\{\beta\operatorname{tr}S_e - \frac{1}{2}\sum_{i=1}^{m}\delta_{ii}(S_e+S_h)_{ii}\right.$$
$$\left. - \sum_{i<j}\delta_{ij}(S_e+S_h)_{ij} - K(\beta,\Delta)\right\} \tag{6.3.3}$$

$$K(\beta,\Delta) = -\frac{n}{2}\log|\Delta-2\beta I| - \frac{q}{2}\log|\Delta|$$

ここで母数をベクトル表示する.

$$(\beta,\delta') = \left(\beta, -\frac{1}{2}\delta_{ii}, i=1,2,\ldots,m; \ -\delta_{ij}, 1\le i<j\le m\right)$$
$$(T,U') = (\operatorname{tr}S_e, (S_e+S_h)_{ii}, i=1,2,\ldots,m; \ (S_e+S_h)_{ij}, 1\le i<j\le m)$$

これにより (β,δ') の尤度関数は

$$\mathcal{L}(\beta,\delta) \propto \exp\{\beta t + \delta'u - K(\beta,\Delta)\} \tag{6.3.4}$$

となる.

 $\beta=0$ のとき, U は δ に対する完備十分統計量である. また V は Δ に無関係であるから, δ に対する補助統計量である. よって Basu の定理により U と V とは互いに独立である. そこで, $U=u$ を $S_e+S_h=I_m$ に対応させると,

$$P\{V\le t;\beta=0\} = P\{\operatorname{tr}S_e\le t \mid S_e+S_h=I_m; \ \beta=0\}$$
$$= P\{T\le t \mid U=u; \ \beta=0\} \tag{6.3.5}$$

となる.

 本節では,

(a) 二重鞍点近似となる条件付き密度関数の使用法

(b) 逐次鞍点法を用いる方法

について述べる.

(a)　二重鞍点近似

定理 3.2.1 より，

$$f(t \mid u; \beta = 0) = \frac{\mathcal{L}(0, \hat{\delta}_0)}{(2\pi)^{1/2}\mathcal{L}(\hat{\beta}, \hat{\delta})} \left\{ \frac{\left| J_{\delta\delta}(0, \hat{\delta}_0) \right|}{\left| J(\hat{\beta}, \hat{\delta}) \right|} \right\}^{1/2}$$

であり，$(\hat{\beta}, \hat{\delta})$ は (β, δ) の無制限鞍点，$\hat{\delta}_0$ は $\beta = 0$ としたときの δ の制限付き鞍点である．(β, δ) の鞍点方程式

$$\left. \frac{\partial K}{\partial \beta} \right|_{(\hat{\beta}, \hat{\delta})} = t, \quad \left. \frac{\partial K}{\partial \delta} \right|_{(\hat{\beta}, \hat{\delta})} = u$$

より，

$$\frac{\partial K}{\partial \delta} = -\frac{n}{2}(\Delta - 2\beta I)^{-1} - \frac{q}{2}\Delta^{-1} = -\frac{1}{2}I$$

となる．これより Δ の解くべき方程式は $\Delta = dI$ として

$$\frac{n}{d - 2\beta} + \frac{q}{d} = 1 \tag{6.3.6}$$

また，

$$\frac{\partial K}{\partial \beta} = -n\,\mathrm{tr}(\Delta - 2\beta I)^{-1} = \frac{nm}{d - 2\beta} = t \tag{6.3.7}$$

これより

$$\hat{\beta} = \frac{1}{2}\left\{ \hat{d} - \frac{mn}{t} \right\}, \quad \hat{d} = \frac{mq}{m - t} \tag{6.3.8}$$

となる．よって

$$\mathcal{L}(\hat{\beta}, \hat{\delta}) = \exp\left(-\frac{m}{2}(n + q) \right) \left(\frac{mn}{t} \right)^{\frac{1}{2}mn} \left(\frac{mq}{m - t} \right)^{\frac{1}{2}mq} \tag{6.3.9}$$

となる．また $\beta = 0$ のとき，$\hat{d}_0 = n + q$ より

$$\mathcal{L}(0, \hat{d}_0) = \exp\left\{ -\frac{m}{2}(n + q) \right\} (n + q)^{-\frac{1}{2}m(n+q)} \tag{6.3.10}$$

となる．(6.3.8) のもとで，$\ell'_m = (1, 1, \ldots, 1) \in \boldsymbol{R}^m$ とすると，

$$\left| j(\hat{\beta}, \hat{\delta}) \right| = \begin{vmatrix} 2am & 2a\ell'_m & 0 \\ 2a\ell_m & 2(a+b)I_m & 0 \\ 0 & 0 & (a+b)I_f \end{vmatrix}$$

$$a = \frac{n}{(\hat{d} - 2\hat{\beta})^2}, \ b = \frac{q}{\hat{d}^2}, \ f = \frac{1}{2}m(m-1), \quad \ell' = (1, \ldots, 1)$$

となる．よって

$$\left| j(\hat{\beta}, \hat{\delta}) \right| \propto \{qt^2 + n(m-t)^2\}^{\frac{1}{2}m(m+1)-1}[t(m-t)]^2$$

同様にして

$$\left| j(0, \hat{d}_0) \right| \propto \frac{2^m}{(n+q)^{f+m}}$$

これより

$$\frac{|\, j(0, \hat{d}_0)\,|}{|\, j(\hat{\beta}, \hat{d})\,|} \propto \{qt^2 + n(m-t)^2\}^{\frac{1}{2}m(m+1)-1}[t(m-t)]^{-2} \qquad (6.3.11)$$

以上をまとめて，

$$f(t \mid u; \beta = 0) \propto \frac{t^{\frac{1}{2}mn-1}(m-t)^{\frac{1}{2}mq-1}}{[qt^2 + n(m-t)^2]^{\frac{1}{2}m(m+1)-\frac{1}{2}}} \quad (0 < t < m) \quad (6.3.12)$$

となる．特に $m = 1$ のとき

$$f(t \mid u; \beta = 0) \propto t^{\frac{n}{2}-1}(1-t)^{\frac{q}{2}-1} \quad (0 < t < 1)$$

となりベータ分布となる．

(b)　逐次鞍点近似

　(T, U) は同時尤度関数を (6.3.4) とするとき，$T \mid U = u$ の密度関数の単純鞍点近似は

$$f(t \mid u; \beta) = \frac{\mathcal{L}_c(\beta)}{(2\pi j_c)^{1/2}\mathcal{L}_c(\hat{\beta})} \qquad (6.3.13)$$

となるが，$\mathcal{L}_c$ は $T \mid U = u$ に基づく β の条件付き尤度関数で

$$\mathcal{L}_c(\beta) = \exp(\beta t - K_u(\beta))$$

となる．なお，$K_u(\beta)$ は条件付きキュムラント母関数である．ここで $\hat{\beta}$ は $t = K'_u(\hat{\beta})$ の解であり，$\hat{j}_c$ は $\hat{j}_c = K''_{uu}(\hat{\beta})$ である．このとき，$K_u(\beta)$ の具体的な形が得られる問題は稀である．ここで $T \mid U = u$ の条件付き密度関数の鞍点近似は

$$\begin{aligned}
f(t \mid u; \beta, \delta) &= (2\pi)^{-1/2} \left\{ \frac{\left| K''(\hat{\beta}, \hat{\delta}) \right|}{\left| K''_{\delta\delta}(\beta, \hat{\delta}_\beta) \right|} \right\}^{-1/2} \frac{f(t, u; \beta, \hat{\delta}_\beta)}{f(t, u; \hat{\beta}, \hat{\delta})} \\
&\propto f(t, u; \beta, \hat{\delta}_\beta) |K''_{\delta\delta}(\beta, \hat{\delta}_\beta)|^{1/2} \\
&= \mathcal{L}(\beta, \hat{\delta}_\beta) |K''_{\delta\delta}(\beta, \hat{\delta}_\beta)|^{1/2}
\end{aligned}$$

であるから $\mathcal{L}_c(\beta)$ を

$$\mathcal{L}_{ac}(\beta) = \mathcal{L}(\beta, \hat{\delta}_\beta) |j_{\delta\delta}(\beta, \hat{\delta}_\beta)|^{1/2} \tag{6.3.14}$$

で置き換える (Fraser, Reid and Wong, 1991)．なお，$\mathcal{L}(\beta, \hat{\delta}_\beta)$ は β を固定しておいて，$\mathcal{L}(\beta, \delta)$ を最大にする $\hat{\delta}_\beta$ による．よって，(6.3.13) の鞍点近似を

$$f(t \mid u; \beta) = \frac{\mathcal{L}_{ac}(\beta)}{(2\pi \hat{j}_{ac})^{1/2} \mathcal{L}_{ac}(\hat{\beta}_{ac})} \tag{6.3.15}$$

とする．$\hat{\beta}_{ac}$ は $\mathcal{L}_{ac}$ を最大にし，$\hat{j}_{ac} = -\left. \dfrac{\partial^2 \log \mathcal{L}_{ac}}{\partial \beta^2} \right|_{\beta = \hat{\beta}_{ac}}$ である．

　具体的に表示するために β を固定して

$$u = \left. \frac{\partial K}{\partial \delta} \right|_{(\beta, \hat{\delta}_\beta)}$$

を求める．前出と同様にして，

$$\hat{d}_\beta = \frac{1}{2}(2\beta + n + q) + \frac{1}{2} \left\{ (2\beta + n + q)^2 - 8\beta q \right\}^{1/2}$$

また

$$\hat{d}_0 = n + q$$

となる. よって,

$$\mathcal{L}(\beta, \hat{\delta}_\beta) = (\hat{d}_\beta - 2\beta)^{\frac{1}{2}mn} \hat{d}_\beta^{\frac{1}{2}mq} \cdot \exp\left(\beta t - \frac{m}{2}\hat{d}_\beta\right)$$

また,

$$\left| j_{\delta\delta}(\beta, \hat{d}_\beta) \right| = 2^m \left\{ \frac{n}{(\hat{d}_\beta - 2\beta)^2} + \frac{q}{\hat{d}_\beta^2} \right\}^{\frac{1}{2}m(m+1)}$$

以上より $\mathcal{L}_{ac}(\beta)$ を得る.

すでに述べた方法を組み合わせることで, 逐次鞍点近似に類似したものを提案することができる.

(b-1) 逐次 Lugannani-Rice 式

$$P\{T \le t \mid U = u; \beta = 0\} = \Phi(r) + \phi(r)\left\{\frac{1}{r} - \frac{1}{s}\right\} \tag{6.3.16}$$

$$r = \mathrm{sgn}(\hat{\beta}_{ac})[-2\log\{\mathcal{L}_{ac}(0)/\mathcal{L}_{ac}(\hat{\beta})\}]$$

$$s = \hat{\beta}_{ac}(\hat{j}_{ac})^{1/2}$$

(b-2) 逐次 r^* 近似

$$P\{T \le t \mid U = u; \beta = 0\} = \Phi(r^*) \tag{6.3.17}$$

$$r^* = r - \frac{1}{r}\log\left(\frac{r}{s}\right)$$

【例 6.3.1】 $m = 2\,(1)\,5$ に対する V の正確な 5% 点は Schuurman, Krishnaiah and Chattopadhyay (1975) に与えられている. 正確な 5% 点を $t_{0.05}$ とするとき, $P(V \le t_{0.05}) = 0.05$ である. ここでは

$$P\{T \le t_{0.05} \mid U = u; \beta = 0\}$$

の値を比較する. なお, 二重鞍点近似および逐次鞍点近似では, 数値積分

表 6.3　Butler, Huzubazar and Booth (1992b).

m	q	n	二重鞍点	逐次鞍点	逐次 L-R	逐次 r^*	F
2	5	5	5.77	5.26	5.10	5.10	7.01
2	5	23	4.93	4.73	4.77	4.77	5.66
2	5	53	4.88	4.94	5.07	5.08	5.30
2	13	23	5.04	4.94	4.94	4.94	5.51
2	23	23	5.06	4.99	4.98	4.98	5.39
4	5	5	7.26	5.69	5.28	5.28	10.82
4	5	23	5.02	4.53	4.64	4.64	6.63
5	6	6	7.26	5.43	5.08	5.08	11.10
5	6	24	5.09	4.56	4.67	4.67	6.90

により規準化して確率を算出する.

表 6.3 より

① 逐次鞍点法は二重鞍点近似と同程度に精確である.

② 逐次 Lagannani–Rice 法は逐次 r^* 近似と同程度の精度である.

③ n が小さいときは逐次鞍点近似が二重鞍点近似より少し良いが，n が大きくなると，後者の方がいくらか良い.

④ Pillai and Mijares (1959) による F 近似法は次元が増加すると精度が下がる.

⑤ q と n が近いとき，二重鞍点近似は精度が落ちる. 同様のことが F 近似法についても見られる.

6.4　Roy の統計量

B を m 次ベータ行列 Beta $\left(\frac{n_1}{2}, \frac{n_2}{2}\right)$ とするとき，MANOVA 検定の検定量として B の最大固有値を Roy の検定統計量という (Roy, 1945). 最大固有値の分布の p 値については $m = 2\,(1)\,4$ の場合に処理可能な表現を与えており，Nanda (1951)，Pillai (1956) は $m = 8$ まで拡張している. Sugiyama (1967) は Wishart 行列，ベータ行列などの最大固有値の密度関数を Zonal 多項式を用いて与えている.

すでに指摘したように Zonal 多項式による級数展開は収束が遅く，高次の Zonal 多項式の表現は大変に複雑である．しかし，最大固有値の分布関数の超幾何級数による表現では変数が単位行列のスカラー倍となっていることより，種々の表現が与えられている．

補題 6.4.1 (Gupta and Richards, 1985)

$B \sim \text{Beta}\left(\frac{n_1}{2}, \frac{n_2}{2}\right)$ とし，$ch_1(B) = \lambda_1$（最大固有値）とする．

$$P\{B \leq rI\} = P\{\lambda_1 \leq r\}$$
$$= \frac{\Gamma_m(\frac{n_1+n_2}{2})}{\Gamma_m(\frac{n_1}{2})\Gamma_m(\frac{n_2}{2})} \frac{\pi^{\frac{1}{2}m^2}}{\Gamma_m(\frac{m}{2})} \sqrt{|A|} \tag{6.4.1}$$

ここで $A = (a_{ij})$ は，m 次の交代行列であり，a_{ij} は超幾何関数で表示される．

(証明) $\text{Beta}\left(\frac{n_1}{2}, \frac{n_2}{2}\right)$ に従う m 次行列 B の最大固有値 λ_1 の分布関数は (5.1.4) を用いて，

$$P\{B \leq rI_m\} = P\{\lambda_1 \leq r\} = \frac{\Gamma_m(\frac{n_1+n_2}{2})\Gamma_m(\frac{m+1}{2})}{\Gamma_m(\frac{n_1+m+1}{2})\Gamma_m(\frac{n_2}{2})} r^{\frac{1}{2}mn_1}$$
$$\times {}_2F_1\left(\frac{n_1}{2}, -\frac{n_2}{2}+\frac{m+1}{2}; \frac{n_1+m+1}{2}; rI_m\right) \tag{6.4.2}$$

となる．また，(5.2.7) より，$\alpha > \frac{1}{2}(m-1)$，$\gamma - \alpha > \frac{1}{2}(m-1)$ のとき

$${}_2F_1(\alpha, \beta; \gamma; R)$$
$$= \frac{\Gamma_m(\gamma)}{\Gamma_m(\alpha)\Gamma_m(\gamma-\alpha)} \int_{0<S<I_m} |S|^{\alpha-p} |I-S|^{\gamma-\alpha-p} |I-SR|^{-\beta} \, dS$$

である．$R = rI_m$ とするとき，S の固有値を $0 < s_m < \cdots < s_1 < 1$ とすると

$${}_2F_1(\alpha, \beta; \gamma; rI_m)$$
$$= \frac{\Gamma_m(\gamma)}{\Gamma_m(\alpha)\Gamma_m(\gamma-\alpha)} \frac{\pi^{\frac{1}{2}m^2}}{\Gamma_m(\frac{m}{2})} \int \cdots \int_{0<s_m<\cdots<s_1<1} \prod_{i<j}(s_i-s_j) \prod_{i=1}^{m} d\mu(s_i) \tag{6.4.3}$$

と表示され,

$$d\mu(x) = x^{\alpha-p}(1-x)^{\gamma-\alpha-p}(1-rx)^{-\beta}dx, \quad 0 < x < 1 \tag{6.4.4}$$

となる. また,

$$\prod_{i<j}(s_i - s_j) = \left|s_j^{m-i}\right| \quad (\text{Vandermonde の行列式})$$

である.

(6.4.3) は付録 A.9 の Ω 積分と一致する. よって, 行列 $A = (a_{ij})$ を m 次 ($m = 2n$：偶数) の交代行列とすると,

$$a_{ij} = -a_{ji} = \int_0^1 \int_0^1 x^{m-i}y^{m-j}\text{sgn}(y-x)d\mu(x)d\mu(y), \ 1 \le i < j \le m$$

また, m 次 ($m = 2n+1$：奇数) のとき

$$a_{i,2n+2} = -a_{2n+2,i} = \int_0^1 x^{m-i}d\mu(x), \ 1 \le i \le 2n+2$$

となる. ここで,

$$a_{ij} = -a_{ji} = 2I_{ij} - J_{ij} \tag{6.4.5}$$

とし,

$$\begin{aligned}
J_{ij} &= \int_0^1 \int_0^1 x^{m-i}y^{m-j}d\mu(x)d\mu(y) \\
&= B_1(\alpha+p-i, \gamma-\alpha-p+1)B_1(\alpha+p-j, \gamma-\alpha-p+1) \\
&\quad \times {}_2F_1(\beta, \alpha+p-i, \gamma-i+1; r){}_2F_1(\beta, \alpha+p-j; \gamma-j+1; r)
\end{aligned} \tag{6.4.6}$$

一方,

$$I_{ij} = \int_0^1 \int_0^y x^{m-i}u^{m-j}d\mu(x)d\mu(y) \tag{6.4.7}$$

は超幾何関数を変数とする二重級数となり, 複雑な表現となる.

また m が奇数の場合

$$a_{i,m+1} = -a_{m+1,i} = \frac{\Gamma(\alpha+p-i)\Gamma(\gamma-\alpha-p+1)}{\Gamma(\gamma-i+1)} \cdot {}_2F_1(\beta, \alpha+p-i; \gamma-i+1; r)$$

となる. □

定理 6.4.1 (Butler and Paige, 2011)

$B \sim \mathrm{Beta}\left(\frac{n_1}{2}, \frac{n_2}{2}\right)$ の最大固有値の分布関数は (6.4.2) で表現され，交代行列 $A = (a_{ij})$ は次のように表示される．

(i) m が偶数のとき：

$$a_{ij} = r^{-(a_i + a_j)}\left[2\sum_{\ell=0}^{L_b}(-1)^\ell \binom{b-1}{\ell} \frac{C_\ell(a_i + a_j + \ell; b)}{a + \ell} - C_r(a_i, b)C_r(a_j, b)\right] \quad (6.4.8)$$

ここで，

$$a_i = \frac{1}{2}(n_1 + m + 1) - i > \frac{1}{2}, \; b = \frac{1}{2}(n_2 - m + 1) > \frac{1}{2}, \; i = 1, 2, \ldots, m$$

$$C_r(\alpha, \beta) = B_1(\alpha, \beta)I_r(\alpha, \beta)$$

$$I_r(\alpha, \beta) = \frac{1}{B_1(\alpha, \beta)}\int_0^r x^{\alpha-1}(1-x)^{\beta-1}dx$$

$$L_b = \begin{cases} b - 1 & : n_2 - m = \text{奇数，ゆえに } b = \text{整数} \\ \infty & : n_2 - m = \text{偶数} \end{cases}$$

である．

(ii) m が奇数のとき：

A_r は $(m+1)$ 次の交代行列であり，

$$a_{i,m+1} = -a_{m+1,i} = r^{-a_i}C_r(a_i, b), \; i = 1, 2, \ldots, m \quad (6.4.9)$$

である．

(証明) (6.4.2) において，$\alpha = \frac{n_1}{2}$, $\gamma = \frac{n_2}{2} + \frac{m+1}{2}$ であるから，J_{ij} は

$$J_{ij} = B_1(a_i, 1)B_1(a_j, 1) \cdot {}_2F_1\left(p - \frac{n_2}{2}, a_i; a_i + 1; r\right) \cdot {}_2F_1\left(p - \frac{n_2}{2}, a_j; a_j + 1; r\right)$$

となる．また Abramowitz and Stegun (1970, (26.5.23)) より，

$$_2F_1(1-\tau,\sigma;\sigma+1;r)=\sigma r^{-\sigma}B_1(\sigma,\tau)I_r(\sigma,\tau)$$

を用いて,

$$J_{ij}=r^{-(a_i+a_j)}C_r(a_i,b)C_r(a_j,b) \tag{6.4.10}$$

となる. (6.4.5) より

$$I_{ij}=\int_0^1 y^{a_j-1}(1-ry)^{\frac{1}{2}n_2-p}\left[\int_0^y x^{a_i-1}(1-rx)^{\frac{1}{2}n_2-p}dx\right]dy$$

であるが,

$$(1-rx)^{\frac{1}{2}n_2-p}=\sum_{\ell=0}^{L_b}\binom{b-1}{\ell}(-rx)^\ell$$

ここで

$$L_b=\begin{cases} b-1 & :\ n_2-m\ \text{が奇数，ゆえに}\ b\ \text{は整数}\\ \infty & :\ n_2-m\ \text{が偶数}\end{cases}$$

を用いて,

$$\begin{aligned}I_{ij}&=\sum_{\ell=0}^{L_b}\binom{b-1}{\ell}\frac{(-r)^\ell}{a_i+\ell}\int_0^1 y^{a_i+a_j+\ell-1}(1-ry)^{\frac{n_2}{2}-p}dy\\ &=\sum_{\ell=0}^{L_b}u_\ell \end{aligned} \tag{6.4.11}$$

$$\begin{aligned}u_\ell&=\binom{b-1}{\ell}\frac{(-r)^\ell}{(a_i+\ell)(a_i+a_j+\ell)}\\ &\qquad\times\,_2F_1(p-\frac{n_2}{2},a_i+a_j+\ell;a_i+a_j+\ell+1;r)\end{aligned}$$

なお, $_2F_1$ は不完全ベータ積分で表示できる.　　　　　　　　　　□

第 **7** 章

共分散に関する検定

7.1 共分散行列に関する尤度比規準

Butler et al. (1993) は，多変量正規母集団の共分散行列に関する各種統計量は Dirichlet 確率変数により

$$\Lambda = c \prod_{i=1}^{\ell} \prod_{j=1}^{\ell_i+1} D_{ij}^{\gamma_{ij}} \tag{7.1.1}$$

の形に表現できることに注目した．ここで c は定数項であり，$(D_{i1}, \ldots, D_{i\ell_i})$, $i = 1, 2, \ldots, \ell$ は互いに独立な Dirichlet 確率変数で，$Dir(\alpha_{i1}, \ldots, \alpha_{i\ell_i}, \alpha_{i,\ell_i+1})$ であるとする．

前章と同様にして次の補題 7.1.1，定理 7.1.1，定理 7.1.2 を得る．

補題 7.1.1

確率変数 X_{ij}, $i = 1, 2, \ldots, \ell$, $j = 1, 2, \ldots, \ell_i + 1$ は互いに独立なガンマ確率変数とし，$X_{ij} \sim \mathrm{Ga}(\theta_{ij}, -\beta_{2i})$, $\beta_{2i} < 0$

$$\theta_{ij} = \gamma_{ij}\beta_1 + \alpha_{ij} \tag{7.1.2}$$

とする．このとき $X = (X_{ij})$ に基づく $(\beta_1, \beta_2') = (\beta_1, \beta_{21}, \ldots, \beta_{2\ell})$ の尤度関数は

$$\mathcal{L}(\beta_1, \beta_2') \propto \exp\left[\beta_1 T + \sum_{i=1}^{\ell} \beta_{2i} u_i - K(\beta_1, \beta_2')\right] \tag{7.1.3}$$

$$T = \sum_{i=1}^{\ell} \sum_{j=1}^{\ell_i+1} \gamma_{ij} \log X_{ij} \tag{7.1.4}$$

$$u_i = X_{i\cdot}, \quad i = 1, 2, \ldots, \ell \tag{7.1.5}$$

$$K(\beta_1, \beta_2') = \sum_{i=1}^{\ell} \sum_{j=1}^{\ell_i+1} \{\log \Gamma(\gamma_{ij}\beta_1 + \alpha_{ij}) - (\gamma_{ij} + \alpha_{ij})\log(-\beta_{2i})\}$$

となる.

　ここで仮説 $H : \beta_1 = 0$, 対立仮説 $K : \beta_1 \neq 0$ とする. 仮説 H のもとで $X_{ij}/X_{i\cdot}, j = 1, 2, \ldots, \ell_i$ は Dirichlet 確率変数 $Dir(\alpha_{i1}, \ldots, \alpha_{i\ell_i}, \alpha_{i,\ell_i+1})$ となり, $X_{ij}/X_{i\cdot}$ は $X_{i\cdot}$ と独立となる.

定理 7.1.1

　仮説 $H : \beta_1 = 0$ のもとで,

$$P\{\Lambda \leq \exp(t) \mid H\}$$

$$= P\left\{\log c + \sum_{i=1}^{\ell}\sum_{j=1}^{\ell_i+1} \gamma_{ij}\log(X_{ij}/X_{i\cdot}) \leq t; \beta_1 = 0\right\}$$

$$= P\left\{T \leq t - \log c + \sum_{i=1}^{\ell}\gamma_{i\cdot}\log u_i \Big| U_i = u_i, i = 1, 2, \ldots, \ell; \beta_1 = 0\right\} \tag{7.1.6}$$

となる. ここで

$$t^* = t - \log c + \sum_{i=1}^{\ell}\gamma_{i\cdot}\log u_i \tag{7.1.7}$$

とする.

定理 **7.1.2** （Skovgaard 近似）

$$P\{\Lambda \leq \exp(t) \mid H\} = \Phi(\zeta) + \phi(\zeta)\left\{\frac{1}{\zeta} - \frac{1}{\xi}\right\} \qquad (7.1.8)$$

ここで

$$\zeta = \mathrm{sgn}(\hat{\beta}_1)[-2\log(L(0, \hat{\beta}_{2i(0)})/L(\hat{\beta}_1, \hat{\beta}_2'))]$$

$$\hat{\xi} = \hat{\beta}_1\left[\left|j(\hat{\beta}_1, \hat{\beta}_2')\right| / \left|j_{22}(0, \hat{\beta}_{2i(0)})\right|\right]^{1/2}$$

また,

・無制限鞍点 $\hat{\beta}$ の方程式

$$\left.\frac{\partial K}{\partial \beta}\right|_{\beta = \hat{\beta}} = (t^*, u'), \ u' = (u_1, \ldots, u_\ell)$$

・制限付き鞍点 $\hat{\beta}'_{(0)} = (0, \hat{\beta}'_{2(0)})$ の方程式

$$\left.\frac{\partial K}{\partial \beta_2}\right|_{\beta_2 = \hat{\beta}'_{2(0)}} = u$$

である[1].

7.2 独立性の検定

m 次正方行列 S を $W(n, \Sigma)$ とする. 共分散行列を m_1次, m_2次, ..., m_k次 のブロックに分割する.

$$\Sigma = (\Sigma_{ij}), \quad \Sigma_{ij} : m_i \times m_j 行列, \ m = \sum_{i=1}^{k} m_i$$

仮説 $H : \Sigma_{ij} = 0 \ (i \neq j)$ に対する尤度比規準は

$$\Lambda = \frac{|S|}{\prod_{i=1}^{k} |S_{ii}|} \qquad (7.2.1)$$

である.

---

[1] (7.1.8) は条件 u に無関係である.

補題 7.2.1

仮説 H のもとで

$$E[\Lambda^h] = \frac{\Gamma_m(\frac{n}{2} + h)}{\Gamma_m(\frac{n}{2})} \prod_{i=1}^{k} \frac{\Gamma_{m_i}(\frac{n}{2})}{\Gamma_{m_i}(\frac{n}{2} + h)}$$

となる（Muirhead, 1982, 定理 11.2.3）.

これより m_i が奇数のとき $m_i = 2r_i + w_i$ とし, $w_i = 1$ (m_i は奇数), $w_i = 0$ (m_i は偶数),

$$\Lambda = \prod_{i=2}^{k} \left(\prod_{j=1}^{r_i} B_{ij}^2 \cdot B_{i,r_i+1}^{w_i} \right)$$

となる. ここで,

$$B_{ij} \sim \mathrm{Be}(n - M_i - 2j + 1, M_i), \ j = 1, 2, \ldots, r_i, \ i = 2, \ldots, k$$

$$B_{i,r_i+1} = \mathrm{Be}\left(\frac{1}{2}(n - M_i - 2r_i), \frac{1}{2}M_i \right)$$

$$M_i = \max(m_i, \widetilde{m}_i), \ \widetilde{m}_i = \sum_{j=1}^{i-1} m_j$$

である.

【例 7.2.1】

① $m_1 = \cdots = m_k = 1$ の場合

Mathai and Katiyar (1979) による精確な 5% 点, 1% 点を用いて Skovgaard 近似による分布関数に代入して確率を求める.

② $m_1, \ldots, m_k$ が異なる場合

精確な 5% 点, 1% 点は未知であるから 2×10^6 回のシミュレーションより求める.

表 7.1, 表 7.2 より, 取り扱っている例では, n が増加すると精度が低下する傾向があることがわかる. n が増加するとベータ分布の非対称性が

表 7.1 精確な 5% 点, 1% 点による Skovgaard 近似の比較

n	$m = k$	$\alpha = 0.05$	$\alpha = 0.01$
3	3	0.0511	0.0103
6	3	0.0512	0.0103
4	4	0.0501	0.0101
7	4	0.0492	0.0098
5	5	0.0495	0.0100
9	5	0.0475	0.0094

表 7.2 5% 点, 1% 点の実験値による Skovgaard 近似の比較

$m_1 \sim m_4$	n	$\alpha = 0.05$	$\alpha = 0.01$
4 3 2 1	10	0.0509	0.0101
	20	0.0502	0.0101
	50	0.0511	0.0103
	75	0.0513	0.0103
1 2 3 4	10	0.0509	0.0101
	20	0.0515	0.0104
	50	0.0531	0.0108
3 3 3 3	10	0.0510	0.0102
	20	0.0512	0.0104
	50	0.0526	0.0108

顕著になるようである.

7.3 球形検定

$S \sim W_m(\Sigma, n)$ とする. 仮説 $H_0 : \Sigma = \sigma^2 I_m$, 対立仮説 $H_1 : \Sigma \neq \sigma^2 I_m$ に対する尤度比規準は

$$\Lambda = \frac{|S|}{(\operatorname{tr} S/m)^m} \tag{7.3.1}$$

である.

仮説 H のもとで,

$$E[\Lambda^h \mid H] = m^{mh} \frac{\Gamma_m(\frac{n}{2} + h)}{\Gamma_m(\frac{n}{2})} \cdot \frac{\Gamma(\frac{mn}{2})}{\Gamma(\frac{mn}{2} + h)} \tag{7.3.2}$$

である (Muirhead, 1982, 定理 8.3.6).

補題 **7.3.1**

Λ は仮説 H のもとでいくつかの表現ができる.

①
$$\Lambda = m^m \prod_{i=1}^{m} D_i \tag{7.3.3}$$

$(D_1, \ldots, D_m)$ は Dirichlet 確率変数で, $Dir(\frac{1}{2}(n - i + 1), i = 1, 2, \ldots, m; \frac{1}{4}m(m - 1))$ である.

②
$$\Lambda = m^m \left(\prod_{i=1}^{m} D_i \right) B^m \tag{7.3.4}$$

$(D_1, \ldots, D_{m-1})$ は $Dir\left(\frac{1}{2}(n - i + 1); i = 1, 2, \ldots, m\right)$, $B \sim \mathrm{Be}(\frac{1}{2}mn - \frac{1}{4}m(m - 1), \frac{1}{4}m(m - 1))$ であり, $(D_1, \ldots, D_{m-1})$ と B は互いに独立である.

③
$$\Lambda = 2^{-2r} m^m \left(\prod_{i=1}^{r} D_i^2 \right) D_{r+1}^{w_m} B^m \tag{7.3.5}$$

ここで $m = 2r$ のとき, $D_{r+1} \equiv 1$, $D_r = 1 - \sum_{i=1}^{r-1} D_i$

$$(D_1, \ldots, D_{r-1}) \sim Dir(n - 2i + 1; i = 1, 2, \ldots, r)$$

$m = 2r + 1$ のとき, $D_{r+1} = 1 - \sum_{i=1}^{r} D_i$

$$(D_1, \ldots, D_r, D_{r+1}) \sim Dir\left(n - 2i + 1; i = 1, 2, \ldots, r; \frac{1}{2}(n - 2r)\right)$$

となる. また,

$$B \sim \mathrm{Be}(r(n-r) + w_m(n-2r)/2, r^2 + w_m r),$$

$$w_m = \begin{cases} 1 & : m = \text{奇数} \\ 0 & : m = \text{偶数} \end{cases}$$

である.

④
$$\Lambda = m^m \left(\prod_{i=1}^{m-1} B_i \right) \cdot \prod_{i=1}^{m-1} B_{m-1+i}^{i}(1 - B_{m-1+i}) \qquad (7.3.6)$$

ここで

$$B_i = \mathrm{Be}\left(\frac{1}{2}(n-i), \frac{i}{2} \right), \quad i = 1, 2, \ldots, m-1$$

$$B_i \sim \mathrm{Be}\left(\frac{ni}{2}, \frac{n}{2} \right), \quad i = m, \ldots, 2(m-1)$$

である.

⑤
$$\Lambda = \prod_{i=1}^{m-1} B_i \qquad (7.3.7)$$

ここで,

$$B_i \sim \mathrm{Be}\left(\frac{1}{2}(n-i), i\left(\frac{1}{2} + \frac{1}{m} \right) \right), \, i = 1, 2, \ldots, m-1$$

である (Srivastava and Khatri, 1979, p.209).

(証明) (7.3.3)～(7.3.6) は $E[\Lambda^h] = $ (7.3.2) となることが示される. また (7.3.7) は Gauss の乗法公式

$$\Gamma(mz) = (2\pi)^{\frac{1}{2}(1-n)} m^{mz-1/2} \prod_{i=0}^{m-1} \Gamma\left(z + \frac{i}{m} \right)$$

を用いる. □

多くの (m, n) に対して Λ の 5% 点, 1% 点の正確な値は得られている. 特に $m = 2$ の場合には $\Lambda_\alpha = \alpha^{2/(n-1)}$ である (Anderson, 2003, p.435).

表 7.3　Λ の各種表現による精度の比較

$\alpha = 0.05$

n	m	Box	(7.3.3)	(7.3.4)	(7.3.5)	(7.3.6)	(7.3.7)
5	2	0.0500	0.0528	0.0493	0.0496	0.0507	0.0525
7	3	0.0498	0.0507	0.0496	0.0496	0.0365	0.0508
6	4	0.0464	0.0498	0.0.499	0.0501	0.0344	0.0500
6	5	0.0332	0.0493	0.0495	0.0497	0.0370	0.0495
12	6	0.0481	0.0500	0.0499	0.0499	0.0056	0.0476
8	7	0.0192	0.0491	0.0494	0.0494	0.0345	0.0490
13	8	0.0432	0.0500	0.0500	0.500	0.0036	0.0473
11	9	0.0220	0.0495	0.0497	0.0497	0.0246	0.0485

$\alpha = 0.01$

n	m	Box	(7.3.3)	(7.3.4)	(7.3.5)	(7.3.6)	(7.3.7)
5	2	0.0100	0.0106	0.0098	0.0100	0.0102	0.0105
7	3	0.0099	0.0101	0.0099	0.0099	0.0065	0.0102
6	4	0.0085	0.0099	0.0099	0.0100	0.0063	0.0100
6	5	0.0043	0.0098	0.0098	0.0099	0.0071	0.0098
12	6	0.0093	0.0100	0.0100	0.0100	−0.0024	0.0094
8	7	0.0017	0.0097	0.0097	0.0097	0.0065	0.0096
13	8	0.0076	0.0100	0.0100	0.0100	−0.0028	0.0093
11	9	0.0024	0.0097	0.0097	0.0097	0.0038	0.0095

m が大きい場合については，Nagarsenker and Pillai (1973) に与えられている．

Butler, Huzurbazar and Booth (1993) は取り扱っている (m, n) に対して (7.3.3)〜(7.3.7) について比較している．

① $m \le 3$ に対して，χ^2 分布による漸近分布表現の Box 近似 (Box, 1949) は他と比較して優れているが，$m \ge 4$ では (7.3.6) を除いてすべてについて悪い．

② 特に (7.3.6) は他に比して悪い．Λ を表現するベータ変数の数が $2(m-1)$ と多いことによると考えられる．

③ (7.3.3)〜(7.3.5) による近似は (7.3.7) によるものより良い．特に m が大きくなると改良される．

④ 精度の良さを比較すると (7.3.5), (7.3.4), (7.3.3), (7.3.7), (7.3.6) の順となる.

統計量の表現の仕方により精度が異なるのは興味深い知見である.

注意 7.3.1
k 個の共分散行列の等値性

Booth, et al. (1995) は k 個の Wishart 分布 $W(n_i, \Sigma_i)$, $i = 1, 2, \ldots, k$ において,

① 仮説 $H_1 : \Sigma_1 = \cdots = \Sigma_k$, 対立仮説 $K_1 : \exists i, j, \ \Sigma_i \neq \Sigma_j$
② 仮説 $H_2 : \Sigma_1 = \cdots = \Sigma_k = \sigma^2 I_m, K_2 : \exists i, j, \ \Sigma_i \neq \Sigma_j$

に関する尤度比規準 Λ_1, Λ_2 について議論を検討している. 上記論文を参照のこと.

第 **8** 章

検出力関数

8.1 3例による検出力問題

本節では積率母関数が超幾何関数で表現される検定統計量について取り扱う．なお，各種統計量の検出力の比較を行ってはいない．第5章で $_2F_1, _1F_1$ 型超幾何関数の Laplace 近似を与えた．ここでは近似された積率母関数を鞍点近似するこの方法を L-S 法と記す．なお，Butler and Wood (2005) ではこの方法を sequential saddlepoint method と呼んでいるが，「逐次鞍点法」の名前は第6章で用いているので，L-S 法とした．

(a) MANOVA の尤度比規準

線形モデル $Y = XB + E$ について考える．ただし，

$E : n \times m$ 行列，n 個の行ベクトルは独立で，$N(0, \Sigma)$ とする

$X : n \times p$ 行列（既知），$\mathrm{rank}(X) = p\,(< n)$

$B : p \times m$ 行列（未知）

$C : r \times p$ 行列，$\mathrm{rank}(C) = r$，仮説 $H : CB = O$

とする．このとき尤度比規準は

$$\Lambda_{\mathrm{GLM}} = |SS_e| / |SS_h + SS_e|$$

となる．ここで，

$$SS_e \sim W(\Sigma, n - p)$$

$$SS_h \sim NW(\Sigma, r, \Omega), \ \Omega = \Sigma^{-1} MM$$

である (Muirhead, 1982, §10.2). なお，GLM は Generalized Linear Method の略である.

(b)　独立性の検定

$S \sim W_m(\Sigma, n)$ とする. ここで，

$$\Sigma = \begin{bmatrix} \Sigma_{11} & \Sigma_{12} \\ \Sigma_{21} & \Sigma_{22} \end{bmatrix}, \ \Sigma_{ij} : m_i \times m_j 行列, \ m = m_1 + m_2 \, (m_1 < m_2)$$

$$S = \begin{bmatrix} S_{11} & S_{12} \\ S_{21} & S_{22} \end{bmatrix}, \ S_{ij} : m_i \times m_j 行列, \ m = m_1 + m_2 \, (m_1 < m_2)$$

である. 仮説 $H : \Sigma_{12} = 0$ に対する尤度比規準は

$$\Lambda_{\mathrm{BI}} = |S|/(|S_{11}| \cdot |S_{22}|)$$

であり，$\Sigma_{11}^{-1} \Sigma_{12} \Sigma_{22}^{-1} \Sigma_{21}$ の固有値を $P = \mathrm{diag}(\rho_1, \ldots, \rho_{m_1})$ とする. これは 7.2 節の $k = 2$ の場合である. また，BI は Block Independence の略である.

(c)　2 つの共分散行列の等値性検定

$S_1 \sim W(\Sigma_1, n_1)$, $S_2 \sim W(\Sigma_2, n_2)$ は互いに独立とする. 仮説 $H : \Sigma_1 = \Sigma_2$ に対する尤度比規準は

$$\Lambda_{\mathrm{ECM}} = \frac{|S_1|^{n_1/n} |S_2|^{n_2/n}}{|S_1 + S_2|}, \ n = n_1 + n_2$$

である. $\Sigma_1 \Sigma_2^{-1}$ の固有値を $\delta_1, \ldots, \delta_m$ とし，$\Delta = \mathrm{diag}(\delta_1, \ldots, \delta_m)$ とする. なお，ECM は Equal Covariance Method の略である.

8.2 統計量の積率母関数

各種統計量の対数関数の積率母関数は，第5章の結果を用いて以下のようになる.

(a) $M_{\mathrm{GLM}}(t) = E[\exp(t \log \Lambda_{\mathrm{GLM}})]$

$$= \frac{\Gamma_m(\frac{\tilde{n}}{2}+t)\Gamma_m(\frac{1}{2}(\tilde{n}+r))}{\Gamma_m(\frac{\tilde{n}}{2})\Gamma_m(\frac{1}{2}(\tilde{n}+r)+t)} \cdot {}_1F_1\left(t; \frac{1}{2}(\tilde{n}+r)+t; -\frac{1}{2}\Omega\right), \tilde{n}=n-p$$

Constantine (1963), Muirhead (1982, 定理 10.5.1)

(b) $M_{\mathrm{BI}}(t) = E[\exp(t \log \Lambda_{\mathrm{BI}})]$

$$= \frac{\Gamma_{m_1}(\frac{n}{2})\Gamma_{m_1}(\frac{1}{2}(n-m_2)+t)}{\Gamma_{m_1}(\frac{n}{2}+t)\Gamma_{m_1}(\frac{1}{2}(n-m_2))} \cdot \left|I-P^2\right|^{n/2} {}_2F_1\left(\frac{n}{2}, \frac{n}{2}; \frac{n}{2}+t; P^2\right)$$

Sugiura and Fujikoshi (1969), Muirhead (1982, 定理 11.2.6)

(c) $M_{\mathrm{ECM}}(t) = E[\exp(t \log \Lambda_{\mathrm{ECM}})]$

$$= \frac{\Gamma_m(\frac{n}{2})\Gamma_m(\frac{n_1}{2}(1+\frac{2t}{n}))\Gamma_m(\frac{n_2}{2}(1+\frac{2t}{n}))}{\Gamma_m(\frac{n_1}{2})\Gamma_m(\frac{n_2}{2})\Gamma_m(\frac{n}{2}(1+\frac{2t}{n}))} \cdot |\Delta|^{n_1 t/n}$$

$$\times {}_2F_1\left(t, \frac{n_1}{2}\left(1+\frac{2t}{n}\right); \frac{n}{2}\left(1+\frac{2t}{n}\right); I-\Delta\right)$$

Sugiura (1969), Muirhead (1982, 定理 8.2.11)

8.3 較正された Laplace 近似

${}_1\hat{F}_1(a; b; X)$ は (5.3.3)，${}_2\hat{F}_1(a, b; c; X)$ は (5.3.1) である.

Lugannani–Rice 近似

(i) 各種統計量 Λ の積率母関数を較正された Laplace 近似により $\hat{M}(t)$ を求める.

(ii) $\hat{K}(t) = \log \hat{M}(t)$ を用いて Lugannani–Rice 式を用いて上側確率を求める.

$$P\{\Lambda > y\} = 1 - \Phi(\zeta) + \phi(\zeta)\left(\frac{1}{\xi} - \frac{1}{\zeta}\right)$$

$$\zeta = \operatorname{sgn}(\hat{t})\sqrt{2\{\hat{t}y - \hat{K}(\hat{t})\}}$$

$$\xi = \hat{t}\sqrt{\hat{K}''(\hat{t})}$$

ここで $\hat{K}'(\hat{t}) = y$ を満たすとする.

8.4　数値例

次の順により各値を求める (Butler and Wood, 2000).

① 対立仮説のもとでの $\log\Lambda$ を 10^6 個生成してパーセント点 y を求める. また同時に平均値 $\hat{\mu}$, 分散 $\hat{\sigma}^2$ を求める. すなわち, 非心分布関数のパーセント点を求める.

② 積率母関数 $M(t)$ の超幾何関数 ${}_1F_1(t), {}_2F_1(t)$ を各 t に対して Laplace 近似して, $\hat{M}(t)$ を求める.

③ キュムラント母関数を $\hat{K}(t) = \log\hat{M}(t)$ より求め, $\hat{K}'(t) = y$ となる t を鞍点として求め, $\hat{t}$ とする.

④ Lugannani-Rice 式 (1.3.13) の右辺に対するパーセント点 $\hat{y}$ を求める.

なお, Λ_{GLM} の $(m, n - p, r) = (2, 10, 3)$ において, $\hat{\mu} = -0.7166$ は $\hat{K}'(0)$ より求め, (-0.7164) は非心分布の 10^6 回のシミュレーションより求める. 同様に $\hat{\sigma} = 0.3945, \sqrt{K''(0)} = 0.3940$ として求められる. m が 5 より大きい場合には中央値と $\hat{\mu}$ の値が近いことが見られる.

最初に Λ_{GLM} の非心分布関数の 10^6 回の繰り返しシミュレーションにより経験パーセント点 $x_\alpha, \alpha = 1, 5, 30, 50, 70, 95, 99$ を求める. 表 8.1〜8.4 において x_α に対応する非心分布関数の値を記す (Butler and Wood, 2005).

表 8.1 $\log \Lambda_{\mathrm{GLM}}$ のシミュレーションによるパーセント点 y および Lugannani-Rice 法によるパーセント点 $\hat{y}$

%	1	5	30	50	70	95	99
$(m, n-p, r) = (2, 10, 3)$		$\Omega = \mathrm{diag}(1/2, 2)$					
	$\hat{\mu} = -.7166\,(-.7164)$			$\hat{\sigma} = .3945\,(.3940)$			
Sim(y)	-1.919	-1.461	$-.8644$	$-.6485$	$-.4705$	$-.2059$	$-.1108$
L-R($\hat{y}$)	-1.916	-1.460	$-.8635$	$-.6480$	$-.4704$	$-.2061$	$-.1111$
$(m, n-p, r) = (5, 20, 5)$		$\Omega = \mathrm{diag}\left(\frac{1}{2}\,\left(\frac{1}{4}\right)1, 1\frac{1}{2}\right)$					
	$\hat{\mu} = -1.452\,(-1.453)$			$\hat{\sigma} = .4000\,(.4001)$			
Sim(y)	-2.536	-2.165	-1.634	-1.417	-1.220	$-.8608$	$-.6820$
L-R($\hat{y}$)	-2.536	-2.167	-1.635	-1.418	-1.221	$-.8613$	$-.6820$
$(m, n-p, r) = (16, 40, 14)$		$\Omega = \mathrm{diag}\left(2, 2, \frac{1}{4}, \frac{1}{2}\,\left(\frac{1}{2}\right)3, 3\frac{1}{4}\,\left(\frac{1}{4}\right)4\frac{3}{4}\right)$					
	$\hat{\mu} = -6.674\,(-6.674),$			$\hat{\sigma} = .6142\,(.6144)$			
Sim(y)	-8.184	-7.715	-6.982	-6.655	-6.339	-5.696	-5.327
L-R($\hat{y}$)	-8.185	-7.715	-6.982	-6.656	-6.339	-5.697	-5.330

$\hat{\mu}$ が実験値の中央値と近いことは，分布が非対称ではないことを指摘している．m が大きくなるとこの傾向は大きくなる．

表 8.2　Λ_{GLM} の各種方法による非心分布関数値

	1	5	30	70	95	99
$(m, \hat{n}, r)$		(I, J)				
$(3, 24, 7)$		$(8, 4)$		$\Omega_1 = \mathrm{diag}(1/2, 1/2, 3/4)$		
L-S	1.011	4.992	29.94	69.98	94.96	98.99
$O(n^{-3})\chi^2$	1.385	5.525	30.16	69.91	94.94	98.98
非心 F	0.992	4.878	29.31	69.12	94.65	98.90
$O(n^{-3/2})$	0.000	0.000	0.0134	7.290	153.7	296.0
$(7, 56, 7)$		$(8, 8)$		$\Omega_1 = \mathrm{diag}(1/4\,(1/4)\,7/4)$		
L-S	1.010	5.003	29.98	70.01	95.01	99.01
$O(n^{-3})\chi^2$	4.434	7.679	28.76	69.13	95.02	99.03
非心 F	0.648	3.539	24.55	64.00	93.00	98.45
$O(n^{-3/2})$	0.000	0.002	0.794	24.90	158.0	229.1
$(7, 24, 7)$		$(8, 4)$		$\Omega_1 = \mathrm{diag}(1\,(1)\,7)$		
L-S	0.963	4.883	29.62	69.78	94.95	99.00
$O(n^{-3})\chi^2$	-60.4	-102	-0.896	79.36	98.46	99.80
非心 F	0.165	1.213	12.29	46.84	85.14	95.79

L-S: Laplace-Saddlepoint 近似, $O(n^{-3})\chi^2$: Sugiura and Fujikoshi (1969), 非心 F: Muller and Peterson (1984), $O(n^{-3/2})$: Sugiura (1973). 局所対立仮説.

L-S 法と $O(n^{-3})\chi^2$ 法は同程度に有効であるが，$O(n^{-3})\chi^2$ は Ω の対角成分が大きくなると低位のパーセント値の近似が悪くなる．非心 F 法は n が大きくなると近似が悪くなり，$O(n^{-3/2})$ 法は全体的に良好ではない．

以上の結果より L-S 法が非常に精確である．

表 **8.3** $\log \Lambda_{\mathrm{BI}}$ の非心分布関数の近似

(m_1, m_2, n)	1	5	30	70	95	99
(2,3,10)			$P = \mathrm{diag}(0.1, 0.2)$			
L-S	0.9877	4.995	30.06	70.02	95.02	98.99
$O(n^{-3})$	1.453	9.449	47.42	84.52	98.28	99.70
$O(n^{-3/2})$	0.0006	1.637	57.07	112.7	120.0	115.4
(5,7,20)			$P = \mathrm{diag}(0.05\,(0.05)\,0.25)$			
L-S	1.003	4.992	30.04	70.08	95.01	99.00
$O(n^{-3})$	3.455	15.64	59.68	91.72	99.54	99.96
$O(n^{-3/2})$	0.000	0.000	0.0005	10.28	186.1	402.6
(10,13,40)			$P = \mathrm{diag}(0.1\,(0.1)\,0.9, 0.95)$			
L-S	0.979	4.953	29.91	69.99	95.01	99.00

L-S: Laplace–Saddlepoint 近似, $O(n^{-3})$: Lee (1971), Muirhead (1972b), Sugiura (1973), $O(n^{-3/2})$: Sugiura and Fujikoshi (1969), $O(n^{-3/2})$ は近似が良くない.

表 **8.4** $\log \Lambda_{\mathrm{ECM}}$ の非心分布関数の近似

(m, n_1, n_2)	1	5	30	70	95	99
(3,5,8)			$\Delta = \mathrm{diag}(0.9, 0.95, 0.975)$			
L-S	1.002	4.964	29.92	69.98	94.97	98.99
χ^2 to $O(n^{-3/2})$	0.823	4.435	28.78	69.22	94.83	98.96
(3,5,8)			$\Delta = \mathrm{diag}(0.2, 0.5, 0.7)$			
L-S	1.022	5.033	29.81	69.60	94.95	99.00
χ^2 to $O(n^{-3/2})$	0.404	3.113	23.47	61.90	92.26	98.31
(8,15,20)			$\Delta = \mathrm{diag}(0.8\,(0.025)\,0.975)$			
L-S	0.9793	4.981	29.91	69.89	94.99	99.02
χ^2 to $O(n^{-3/2})$	0.6594	3.833	26.63	67.10	94.29	98.86

χ^2 to $O(n^{-3/2})$: Sugiura (1974), $\Delta - I = O(n^{-3/2})$.

付　　録

A.1　exp と log の関係

　キュムラントを κ_k, 積率を m_ℓ とし，キュムラント母関数を $p_0(t)$, 積率母関数を $p_1(t)$ とする.

$$p_1(t) = \exp(p_0(t)), \quad p_0(t) = \log p_1(t)$$

$$p_0(t) = \sum_{k=1}^{\infty} \frac{\kappa_k}{k!} t^k, \quad p_1(t) = 1 + \sum_{\ell=1}^{\infty} \frac{m_\ell}{\ell!} t^\ell$$

このとき，

$$m_N = \sum_{\alpha=1}^{N} \sum_{I/\alpha} \kappa_{I_1} \kappa_{I_2} \cdots \kappa_{I_\alpha} \tag{A.1.1}$$

$$\kappa_N = \sum_{\alpha=1}^{N} (-1)^{\alpha-1} (\alpha-1)! \sum_{I/\alpha} m_{I_1} m_{I_2} \cdots m_{I_\alpha} \tag{A.1.2}$$

となる (Barndorff-Nielsen and Cox, 1989, p.141, 158-159). ここで I は N 個の元よりなる集合で，I/α は I を α 個の部分集合に分割することを意味する.

【例 A.1.1】　$N = 4$ とするとき，$I = (ijk\ell)$ とする. $I_1 := (ijk\ell)$ とし，$i = j = k = \ell = 1$, $i + j + k + \ell = 4$ とする. (A.1.1) のとき $\kappa_{I_1} = \kappa_4$ とする. よって $I/1$ のとき，$\sum_{I/\alpha} \kappa_{I_1} \kappa_{I_2} \cdots \kappa_{I_\alpha} = \kappa_4$ とする.

　$I_1 I_2 := (i, jk\ell)[4]$ とし，I_1 に 1 を，I_2 に 3 を対応させる. [4] は分割が 4 通りあることを意味する. よって $4\kappa_1\kappa_3$ とする. また，$I_1 I_2 := (ij, k\ell)[3]$ であるから，$3\kappa_2^2$ とする. よって $I/2$ のとき，$\sum_{I/\alpha} \kappa_{I_1} \kappa_{I_2} \cdots \kappa_{I_\alpha} = 4\kappa_1\kappa_3 + 3\kappa_2^2$ とする. $I_1 I_2 I_3 := (i, j, k\ell)[6]$ より $6\kappa_1^2\kappa_2$ とする. $I_1 I_2 I_3 I_4$

$:= (i, j, k, \ell)$ より κ_1^4 を対応させる.

以上より

$$m_4 = \kappa_4 + 4\kappa_1\kappa_3 + 3\kappa_2^2 + 6\kappa_1^2\kappa_2 + \kappa_1^4$$

同様にして

$$\kappa_4 = m_4 - 4m_1 m_3 - 3m_2^2 + 12m_1^2 m_2 - 6m_1^4$$

となる.

A.2 Watson の補題

本節については竹内 (2001) で詳細な議論がされているので,ここでは証明の大筋を与える.

補題 A.2.1

実関数 $f(x)$ は $x = 0$ の近傍で C^∞ とする.このとき正数 A, M が存在して,$|x| < A$ において

$$f(x) = \sum_{r=0}^{n-1} a_r x^r + R(x) M x^n, \quad |R(x)| < 1$$

となる.

補題 A.2.2 (Watson の補題:Truncated version)

実数値 x に対して

$$I = \int_0^T \exp(-ax) x^m f(x) dx, \quad m > -1$$

とし,$f(x)$ は補題 A.2.1 を満たすとする.$a = \alpha$ において I が存在するとする.このとき

$$I \approx \sum_{r=0}^{\infty} \frac{\Gamma(m+r+1)}{a^{m+r+1}} \frac{f^{(r)}(0)}{r!}, \quad a \to \infty$$

となる.

(証明)

$$I_A = \int_0^A \exp(-ax)x^m f(x)dx$$

とする. 補題 A.2.1 より

$$I_A = \sum_{r=0}^{n-1} a_r \left[\int_0^{\infty} \exp(-ax)x^{m+r}dx - \int_A^{\infty} \exp(-ax)x^{m+r}dx \right]$$
$$+ M \left[\int_0^{\infty} R(x)\exp(-ax)x^{m+n}dx - \int_A^{\infty} R(x)\exp(-ax)x^{m+n}dx \right]$$

とする. これより,

$$\int_0^{\infty} \exp(-ax)x^{m+r}dx = \frac{\Gamma(m+r+1)}{a^{m+r+1}}$$
$$\int_A^{\infty} \exp(-ax)x^{m+r}dx = O\left(\frac{1}{a}\exp(-aA)\right), \quad a \to \infty$$
$$\left| \int_0^{\infty} R(x)\exp(-ax)x^{m+n}dx \right| < \frac{\Gamma(m+n+1)}{a^{m+n+1}}$$
$$\left| \int_A^{\infty} R(x)\exp(-ax)x^{m+n}dx \right| = O\left(\frac{1}{a}\exp(-aA)\right), \quad a \to \infty$$

また, $a = \alpha$ で (A,T) において可積分であるから,

$$N = \sup_{X \in (A,T)} \left| \int_A^X \exp(-\alpha x)x^m f(x)dx \right|$$

とすると,

$$\left| \int_A^T \exp(-ax)x^m f(x)dx \right| < N\exp(-(a-\alpha)A) = O(\exp(-aA))$$

よって

$$I = I_A + \int_A^T \exp(-ax)x^m f(x)dx$$

より

$$\left| I - \sum_{r=0}^{n-1} a_r \frac{\Gamma(m+r+1)}{a^{m+r+1}} \right| < K \exp(-aA) + M \frac{\Gamma(m+n+1)}{a^{m+n+1}}$$

このとき $a_r = f^{(r)}(0)/r!$ であるから，求めるものとなる．　　　□

補題 A.2.3

$A, B > 0$ とし，$f(x)$ は $x = 0$ の近傍で C^∞ とする．このとき

$$I = \int_{-B}^{A} \exp\left(-\frac{b^2}{2}x^2 \right) f(x)dx \approx \sqrt{2\pi} \sum_{n=0}^{\infty} \frac{(2n)!}{2^n n!} \frac{a_{2n}}{b^{2n+1}}$$

となる．

(証明)

$$I_1 = \int_{0}^{A} \exp\left(-\frac{b^2}{2}x^2 \right) f(x)dx, \quad I_2 = \int_{-B}^{0} \exp\left(-\frac{b^2}{2}x^2 \right) f(x)dx$$

とする．I_1 において，$x^2 = y$ とすると

$$I_1 = \frac{1}{2} \int_{0}^{A^2} \exp\left(-\frac{b^2}{2}y \right) f(\sqrt{y})y^{-1/2}dy$$

条件より

$$f(x) = \sum_{n=0}^{\infty} a_n x^n$$

と級数展開されるので，$g(y) = f(\sqrt{y})$ とすると，

$$g(y) = \sum_{n=0}^{\infty} \frac{g^{(n)}(0)}{n!}y^n = \sum_{n=0}^{\infty} \left(\frac{d^n}{dy^n}f(\sqrt{y}) \right)\Bigg|_{y=0} \frac{y^n}{n!}$$

係数比較より，

$$g^{(n)}(0) = \frac{d^n}{dy^n}f(\sqrt{y})\Bigg|_{y=0} = n!a_{2n}$$

となり，

$$g(y) = a_0 + a_2 y + a_4 y^2 + \cdots + a_{2n}y^n + \cdots$$

となる.

ここで補題 A.2.2 を適用するために $a = \frac{1}{2}b^2$, $m = -\frac{1}{2}$ とすると,

$$g(y) = \sum_{n=0}^{\infty} \frac{\Gamma\left(n + \frac{1}{2}\right)}{\left(\frac{b^2}{2}\right)^{n+1/2}} a_{2n}$$

よって

$$\Gamma\left(n + \frac{1}{2}\right) = \frac{(2n)!}{2^{2n}n!}\sqrt{\pi}$$

を用いて

$$2I_1 \approx \sqrt{2\pi} \sum_{n=0}^{\infty} \frac{(2n)!}{2^n n!} \frac{a_{2n}}{b^{2n+1}}$$

また，I_2 についても符号に注意して同様の結果を得るので

$$I \approx \sqrt{2\pi} \sum_{n=0}^{\infty} \frac{(2n)!}{2^n n!} \frac{a_{2n}}{b^{2n+1}}$$

となる. □

補題 A.2.4 (Daniels, 1954)

$\psi(x)$ は $x = 0$ の近傍で C^∞ とし，$-B \le x \le A$ で有界とすると,

$$\left(\frac{n}{2\pi}\right)^{1/2} \int_{-A}^{B} \exp\left(-\frac{n}{2}x^2\right)\psi(x)dx = \sum_{r=0}^{\infty} \frac{1}{(2n)^r}\frac{\psi^{(2r)}(0)}{r!}$$

となる.

(証明) 補題 A.2.3 において，$\psi(x)$ を $x = 0$ で Taylor 展開して $b^2 = n$ とすればよい. □

A.3　Lagrange-Bürmann の反転公式

$$w = f(z) = a_1 z + a_2 z^2 + \cdots \quad (a_1 \neq 0)$$

$$z = g(w) = b_1 w + b_2 w^2 + \cdots$$

とするとき，$w = f(g(w))$ を満たす $g(w)$ の係数は

$$b_n = \frac{1}{n!} \left\{ \frac{d^{n-1}}{dz^{n-1}} \left(\frac{z}{f(z)} \right)^n \right\}_{z=0}$$

として与えられる（高木, 1943, pp.355-357）.

$$a_1 b_1 = 1$$

$$a_1^3 b_2 = -a_2$$

$$a_1^5 b_3 = 2a_2^2 - a_1 a_3$$

$$a_1^7 b_4 = 5a_1 a_2 a_3 - a_1^2 a_4 - 5a_2^3$$

$$a_1^9 b_5 = 6a_1^2 a_2 a_4 + 30a_1^2 a_3^2 + 14a_2^4 - a_1^3 a_5 - 21a_1 a_2^2 a_3$$

b_6, b_7 については Abramowitz and Stegun (1970, (3.6.25)) に与えられ
ている.

A.4　正規分布と関連する分布および Einstein 記号

本節は本編で取り扱う確率分布について記す.

A.4.1　正規分布 $N(\mu, \sigma^2)$

密度関数は $f(x) = \dfrac{1}{\sqrt{2\pi}\sigma} \exp\left\{ -\dfrac{1}{2\sigma^2}(x - \mu)^2 \right\}$ である．特に $N(0,1)$
を標準正規分布といい，その密度関数を $\phi(x)$，分布関数 $P(X \leq x)$ を
$\Phi(x)$ と記す.

積率母関数は $M(t) = E[\exp(tX)] = \exp\left\{ \mu t + \dfrac{\sigma^2}{2} t^2 \right\}$，キュムラント
母関数は $K(t) = \log M(t) = \mu t + \dfrac{\sigma^2}{2} t^2$ である．3 次以上のキュムラント

は 0 となる.

$X \sim N(0,1)$ のとき

$$E[X^{2k}] = 1 \cdot 3 \cdots (2k-1) = \frac{(2k)!}{2^k k!}$$

となる.

$$1 - \Phi(x) = \phi(x) \cdot \sum_{\ell=0}^{\infty} \frac{(-1)^\ell}{x^{2\ell+1}} \frac{(2\ell)!}{2^\ell \ell!}$$

$X_1 \sim N(\mu_1, \sigma^2)$, $X_2 \sim N(\mu_2, \sigma^2)$ は, 互いに独立のとき,

$$X_1 + X_2 \sim N(\mu_1 + \mu_2, \sigma_1^2 + \sigma_2^2)$$

となり, $X \sim N(\mu, \sigma^2)$ のとき, $aX \sim N(a\mu, a^2\sigma^2)$ となる.

また, $X_i \sim N(\mu, \sigma^2)$, $i = 1, 2, \ldots, n$ は互いに独立のとき,

$$\overline{X} = \frac{1}{n} \sum_{i=1}^{n} X_i \sim N\left(\mu, \frac{\sigma^2}{n}\right)$$

となる. $X' = (x_1, \ldots, x_m)$ の同時密度関数が

$$f(x) = \frac{1}{(2\pi)^{m/2}|\Sigma|^{1/2}} \exp\left\{-\frac{1}{2}(x-\mu)'\Sigma^{-1}(x-\mu)\right\}$$

と表されるとき, X は m 次元正規確率ベクトルといい,

$$X \sim N_m(\mu, \Sigma)$$

と記す. なお $\mu' = (\mu_1, \ldots, \mu_m)$, $\Sigma = (\sigma_{ij})$ である.

積率母関数は $M(t) = E[\exp(t'X)] = \exp\left\{\mu't + \frac{1}{2}t'\Sigma t\right\}$, $t' = (t_1, \ldots, t_m)$, キュムラント母関数は $K(t) = \mu't + \frac{1}{2}t'\Sigma t$ である. 特に $\mu = 0$ のとき

$$E(X_iX_j) = \sigma_{ij}, \quad E(X_iX_jX_kX_\ell) = \sigma_{ij}\sigma_{k\ell}[3]$$
$$E(X_iX_jX_kX_pX_qX_r) = \sigma_{ij}\sigma_{kp}\sigma_{qr}[9] + \sigma_{ip}\sigma_{jq}\sigma_{kr}[6]$$

となる.

A.4.2　ガンマ分布 $\mathbf{Ga}(\boldsymbol{\alpha}, \boldsymbol{\beta})$

密度関数は，$f(x) = \dfrac{1}{\Gamma(\alpha)}\beta^\alpha x^{\alpha-1}\exp(-\beta x),\ x > 0$ である．特に $\mathrm{Ga}\left(\frac{n}{2}, \frac{1}{2}\right)$ は自由度 n の χ^2 分布という．

$X_1 \sim \mathrm{Ga}(\alpha_1, \beta),\ X_2 \sim \mathrm{Ga}(\alpha_2, \beta)$ は，互いに独立のとき，

$$X_1 + X_2 \sim \mathrm{Ga}(\alpha_1 + \alpha_2, \beta)$$

となる．

A.4.3　ベータ分布 $\mathbf{Be}(\boldsymbol{\alpha}, \boldsymbol{\beta})$

密度関数は，$f(x) = \dfrac{\Gamma(\alpha + \beta)}{\Gamma(\alpha)\Gamma(\beta)}x^{\alpha-1}(1-x)^{\beta-1},\ 0 < x < 1$ である．

$X_1 \sim \mathrm{Ga}(\alpha, 1),\ X_2 \sim \mathrm{Ga}(\beta, 1)$ は，互いに独立のとき，$Z = X_1/(X_1 + X_2)$ が $\mathrm{Be}(\alpha, \beta)$ となり，Z は $X_1 + X_2$ と互いに独立となる．

A.4.4　Dirichlet 分布 $Dir(\boldsymbol{\alpha_1}, \ldots, \boldsymbol{\alpha_m}, \boldsymbol{\alpha_{m+1}})$

密度関数は，

$$f(x_1, \ldots, x_m) = \frac{\Gamma\left(\sum_{i=1}^{m+1}\alpha_i\right)}{\prod_{i=1}^{m+1}\Gamma(\alpha_i)}\prod_{i=1}^{m}x_i^{\alpha_i-1}\left(1 - \sum_{i=1}^{m}x_i\right)^{\alpha_{m+1}-1}$$

$$0 < x_i < 1,\ i = 1, 2, \ldots, m, \quad 0 < \sum_{i=1}^{m}x_i < 1$$

であり，

$$E\left[\prod_{i=1}^{m+1}x_i^{\beta_i}\right] = \prod_{i=1}^{m+1}\frac{\Gamma(\alpha_i + \beta_i)}{\Gamma(\alpha_i)} \cdot \frac{\Gamma\left(\sum_{i=1}^{m+1}\alpha_i\right)}{\Gamma\left(\sum_{i=1}^{m+1}\alpha_i + \sum_{i=1}^{m+1}\beta_i\right)}$$

となる．

$X_i \sim \mathrm{Ga}(\alpha_i, 1),\ i = 1, 2, \ldots, m + 1$ は，互いに独立とする．$G = \sum_{i=1}^{m+1}X_i$ とするとき，$Y_i = X_i/G,\ i = 1, \ldots, m$ は $Dir(\alpha_1, \ldots, \alpha_m, \alpha_{m+1})$ となる．

A.4.5　Einstein 記号

インデックスをもつ量の和の記号である.

行列 $A = (a_{ij})$, $B = (b_{ij})$, $C = (c_{ij})$, および 3 個のインデックスをもつ量を

$$K_{...} = (K_{ijk}),\ K_{.,..} = (K_{i,jk}),\ K_{.,.,.} = (K_{i,j,k})$$

と記す. なお, $K_{..,..} = (K_{ij,k\ell})$ である.

和　　$K_{...} \circ A \circ B(K_{.,..} \circ C) = K_{ijk}K_{p,qr}a_{ij}b_{kp}c_{qr}$

$K_{...} \circ A \circ B(K_{.,..} \circ C) = K_{ijk}K_{p,qr}a_{ij}b_{kr}c_{qp}$

$K_{...} * A * B * C * K_{.,..} = K_{ijk}K_{p,qr}a_{ip}b_{jq}c_{kr}$

$K_{...} * A * B * C * K_{.,..} = K_{ijk}K_{p,qr}a_{ir}b_{jq}c_{kp}$

$K_{..,..} \otimes A \otimes B = K_{ij,k\ell}a_{ik}b_{j\ell}$　or　$K_{ij,k\ell}a_{i\ell}b_{jk}$

この表現は, 行列がブロック行列として O を含むような場合でも, 同様に表示でき, インデックスを変えて表示する必要がない.

A.5　ヤコビアン

m 次元ベクトル $x' = (x_1, \ldots, x_m)$, $y' = (y_1, \ldots, y_m)$ は微分可能な関数 $x_i = f_i(y_1, \ldots, y_m),\ i = 1, 2, \ldots, m$ (これを $x = f(y)$ と記す) により 1 対 1 に対応するとき, 変換のヤコビアン (Jacobian) は

$$J(x; y) = \left| \frac{\partial x_i}{\partial y_j} \right|$$

として定義される.

特に全微分表示をして

$$dx_i = \sum_{j=1}^{m} \frac{\partial x_i}{\partial y_j} dy_j,\ i = 1, 2, \ldots, m$$

より $dx' = (dx_1, \ldots, dx_m)$, $dy' = (dy_1, \ldots, dy_m)$ とすると

$$dx = \left(\frac{\partial x}{\partial y'}\right) dy \quad \text{より,} \quad J(x;y) = J(dx;dy)$$

となる.

また，m 次元ベクトル x, y, z において，$x = f(y)$, $y = g(z)$ とするとき，

$$J(x;z) = J(x;y)J(y;z)$$

となる.

定理 A.5.1

(i)　m 次正方行列 A について $x = Ay$ となるとき，$J(x;y) = |A|$ となる.

(ii)　行列 $X = (x_{ij})_{m \times n}$, $Y = (y_{ij})_{m \times n}$, $A_{m \times m}$, $B_{n \times n}$ とするとき，$X = AYB$ のヤコビアンは，$J(X;Y) = |A|^n |B|^m$ となる.

(iii)　2 つの m 次対称行列 X, Y について，$X = AYA'$ のヤコビアンは，$J(X;Y) = |A|^{m+1}$ となる.

(証明)　$dX = AdYA'$ より，

$$J(X;Y) = p(A)$$

と A の元の多項式として表示される. ここで，$X = BAYA'B'$ とし，$X = BZB'$, $Z = AYA'$ とすると

$$J(X;Y) = J(X;Z)J(Z;Y) \quad \text{より,} \quad p(BA) = p(B)p(A)$$

となる. よって，この関数方程式の解は佐武 (1957, p.83) より，ある正整数 k が存在して，$p(A) = |A|^k$ と表示される.

ここで $A = \text{diag}(a, 1, \ldots, 1)$ とすると，

$$dx_{11} = a^2 dy_{11}, \ dx_{1j} = a dy_{1j}, \ j = 2, \ldots, m, \ dx_{ij} = dy_{ij}, \ 2 \le i, j \le m$$

より $J(X;Y) = a^{m+1} = |A|^{m+1}$ となる.　　　　　　　　□

定理 A.5.2

m 次対称行列 $S = S'$，m 次上三角行列 T について，対角成分 $t_{ii} > 0$,

非対角成分 t_{ij}, $-\infty < t_{ij} < \infty$, $1 \le i < j \le m$ とする. 変換 $S = T'T$ の
ヤコビアンは

$$J(S;T) = 2^m \prod_{i=1}^{m} t_{ii}^{m-i+1}$$

となる.

（証明） $dS = dT'T + T'dT$ より,

$$ds_{11} = 2t_{11}dt_{11}$$
$$ds_{12} = t_{11}dt_{12} + t_{12}dt_{11}$$
$$\vdots$$
$$ds_{1m} = t_{11}dt_{1m} + t_{1m}dt_{11}$$
$$ds_{22} = 2t_{22}dt_{22} + 2t_{12}dt_{12}$$
$$\vdots$$
$$ds_{2m} = t_{22}dt_{2m} + t_{2m}dt_{22} + t_{12}dt_{1m} + t_{1m}dt_{12}$$
$$\vdots$$
$$ds_{mm} = 2t_{1m}dt_{1m} + \cdots + 2t_{mm}dt_{mm}$$

ここで, 次の表のようなヤコビアン行列が得られる.

	dt_{11}	dt_{12}	$\cdots$	dt_{1m}	dt_{22}	dt_{23}	$\cdots$	dt_{2m}	$\cdots$	dt_{mm}
ds_{11}	$2t_{11}$									
ds_{12}	t_{12}	t_{11}								
$\vdots$	$\vdots$		$\ddots$							
ds_{1m}	t_{1m}			t_{11}						
ds_{22}		$2t_{12}$			$2t_{22}$					
$\vdots$		t_{13}	t_{12}		t_{23}	t_{22}				
$\vdots$			$\ddots$				$\ddots$			
ds_{2m}		t_{1m}		t_{12}	t_{2m}			t_{22}		
$\vdots$									$\ddots$	
ds_{mm}			$2t_{1m}$				$2t_{2m}$		$\cdots$	$2t_{mm}$

これより

$$J(S;T) = 2^m \prod_{i=1}^{m} t_{ii}^{m-i+1}$$

また，$S = TT'$ とするとき，

$$J(S;T) = 2^m \prod_{i=1}^{m} t_{ii}^{i} \qquad \square$$

定理 **A.5.3**

(i)　m 次対称行列 $S = S'_{m \times m}$，S の最大固有値 λ_1 に対応する固有ベクトルを $h_1' = (h_{11}, \ldots, h_{m1})$ とするとき

$$S = H \begin{bmatrix} \lambda_1 & \\ & V \end{bmatrix} H'$$

となる．ここで，H は h_1 の関数行列である．このとき

$$J(S; \lambda_1, V, H) = \frac{|\lambda_1 I_{m-1} - V|}{\sqrt{1 - \sum_{i=1}^{m-1} h_{i1}^2}}$$

である．

(ii)　m 次対称行列 $S = S'_{m \times m}$ について $\operatorname{tr} S = t$, $S = tU$, $\operatorname{tr} U = 1$ とするとき

$$J(S; t, U) = t^{\frac{1}{2}m(m+1)-1}$$

である．

A.6　分割行列と Löwner の不等式

(1)　$s \times r$ 行列 X，$r \times s$ 行列 Y について次式が成り立つ．

$$\begin{bmatrix} I_r & O \\ X & I_s \end{bmatrix}^{-1} = \begin{bmatrix} I_r & O \\ -X & I_s \end{bmatrix}, \quad \begin{bmatrix} I_r & Y \\ O & I_s \end{bmatrix}^{-1} = \begin{bmatrix} I_r & -Y \\ O & I_s \end{bmatrix} \qquad \text{(A.6.1)}$$

(2) A_{11}, A_{22} は正則行列とすると

$$\begin{bmatrix} I_r & O \\ -A_{21}A_{11}^{-1} & I_s \end{bmatrix} \begin{bmatrix} A_{11} & A_{12} \\ A_{21} & A_{22} \end{bmatrix} \begin{bmatrix} I_r & -A_{11}^{-1}A_{12} \\ O & I_s \end{bmatrix} = \begin{bmatrix} A_{11} & O \\ O & A_{22 \cdot 1} \end{bmatrix}$$
(A.6.2)

$$\begin{bmatrix} I_r & -A_{12}A_{22}^{-1} \\ O & I_s \end{bmatrix} \begin{bmatrix} A_{11} & A_{12} \\ A_{21} & A_{22} \end{bmatrix} \begin{bmatrix} I_r & O \\ -A_{22}^{-1}A_{21} & I_s \end{bmatrix} = \begin{bmatrix} A_{11 \cdot 2} & O \\ O & A_{22} \end{bmatrix}$$
(A.6.3)

となる. ここで $A_{11 \cdot 2} = A_{11} - A_{12}A_{22}^{-1}A_{21}$, $A_{22 \cdot 1} = A_{22} - A_{21}A_{11}^{-1}A_{12}$ である.

(3) A_{11}, A_{22} は正則行列とすると, 次式が成り立つ.

$$\begin{vmatrix} A_{11} & A_{12} \\ A_{21} & A_{22} \end{vmatrix} = |A_{11}| \cdot |A_{22 \cdot 1}| = |A_{22}| \cdot |A_{11 \cdot 2}| \tag{A.6.4}$$

(4) $A_{11} = \mathrm{diag}(a_1, \dots, a_m)$, $A_{12} = -(b_1, \dots, b_m)'$, $A_{21} = (b_1, \dots, b_m)$, $A_{22} = 1$ とすると, (3)より

$$\left| \begin{bmatrix} a_1 & & 0 \\ & \ddots & \\ 0 & & a_m \end{bmatrix} + \begin{bmatrix} b_1 \\ \vdots \\ b_m \end{bmatrix} (b_1, \dots, b_m) \right| = \prod_{i=1}^{m} a_i \left(1 + \sum_{i=1}^{m} \frac{b_i^2}{a_i} \right) \tag{A.6.5}$$

となる.

(5)

$$(x', y') \begin{bmatrix} A_{11} & A_{12} \\ A_{21} & A_{22} \end{bmatrix}^{-1} \begin{bmatrix} x \\ y \end{bmatrix}$$

$$= x' A_{11}^{-1} x + (y - A_{21}A_{11}^{-1}x)' A_{22 \cdot 1}^{-1}(y - A_{21}A_{11}^{-1}x)$$

$$= (x - A_{12}A_{22}^{-1}y)' A_{11 \cdot 2}^{-1}(x - A_{12}A_{22}^{-1}y) + y' A_{22}^{-1} y \tag{A.6.6}$$

⑹　行列，行列式の微分

$\quad$ (a)$\quad (dX^{-1}) = -X^{-1}(dX)X^{-1}$ $\hfill$ (A.6.7)

$\quad$ (b)$\quad d(\log|X|) = \mathrm{tr}(X^{-1}(dX))$ $\hfill$ (A.6.8)

$\quad$ (c)$\quad d(\log|I - X|) = -\mathrm{tr}((I - X)^{-1}(dX))$ $\hfill$ (A.6.9)

$\qquad d(\log|I - XY|) = -\mathrm{tr}((I - XY)^{-1}Y(dX))$ $\hfill$ (A.6.10)

（証明）　佐武 (1957, II, p.3, p.85) を参照せよ.　　　　　　　□

⑺　Schur 分解

$\quad A$ を n 次正方行列とするとき，非退化行列 L と A の固有値を対角成分にもつ上三角行列 M により $A = LML^{-1}$ とできる.

（証明）　n に関する数学的帰納法により示される（佐武, 1957, p.154）.　　□

⑻　Löwner の不等式

$\quad A, B$ を m 次実対称行列とする. 任意のベクトル $x \neq 0$ に対して $x'Ax > 0$ となるとき $A > 0$ と記し（Löwner の記号），$x'(A - B)x > 0$ のとき $A > B$ と記す. また，行列 A の i 番目の固有値を $\lambda_i(A)$ と記す.

$\quad A > B$ のとき

$\quad$ (a)$\quad \lambda_i(A) > \lambda_i(B), i = 1, 2, \ldots, n.$

$\quad$ (b)$\quad |A| > |B|$

$\quad$ (c)$\quad \mathrm{tr}\, A > \mathrm{tr}\, B$

となる.

（証明）　$A > 0$ とし，A の固有値は実数となるので $\lambda_1(A) > \cdots > \lambda_m(A) > 0$. 固有ベクトルを $P = [p_1, p_2, \ldots, p_m]$ とする.

(i)$$\sup_x \frac{x'Ax}{x'x} = \lambda_1(A)$$

ここで A のスペクトル分解を

$$A = \lambda_1(A)p_1p_1' + \cdots + \lambda_m(A)p_mp_m'$$

$$I_m = p_1p_1' + \cdots + p_mp_m'$$

とする. また任意のベクトル x は, $x = c_1p_1 + \cdots + c_mp_m$ と表現される. よって

$$\frac{x'Ax}{x'x} = \frac{\lambda_1(A)c_1^2 + \cdots + \lambda_m(A)c_m^2}{c_1^2 + \cdots + c_m^2} \leq \lambda_1(A)$$

ゆえに

(ii)
$$\sup_x \frac{x'Ax}{x'x} = \lambda_1(A)$$

$$\sup_{P_{k-1}'x=0} \frac{x'Ax}{x'x} = \lambda_k(A)$$

$$P_{k-1} = [p_1, \ldots, p_{k-1}]$$

ここで $P_{k-1}'x = 0$ より,

$$x = c_kp_k + \cdots + c_mp_m$$

と表示できる. よって

$$\frac{x'Ax}{x'x} = \frac{\lambda_k(A)c_k^2 + \cdots + \lambda_m(A)c_m^2}{c_k^2 + \cdots + c_m^2} \leq \lambda_k(A)$$

ゆえに

$$\sup_{P_{k-1}'x=0} \frac{x'Ax}{x'x} = \lambda_k(A)$$

(iii) $A > B$ とすると,

$$\lambda_k(A) = \sup_{P_{k-1}'x=0} \frac{x'Ax}{x'x} > \sup_{P_{k-1}'x=0} \frac{x'Bx}{x'x}$$

次に右辺の不等式において, P_{k-1} は B の固有ベクトルではないことに注意して, $m \times (k-1)$ 行列 L とするとき,

$$\sup_{P_{k-1}'x=0} \frac{x'Bx}{x'x} \geq \inf_L \sup_{L'x=0} \frac{x'Bx}{x'x}$$

ここで L の列ベクトルを B の固有ベクトルにとることで

$$\sup_{L'x=0} \frac{x'Bx}{x'x} = \lambda_k(B)$$

となるので,

$$\inf_{L} \sup_{L'x=0} \frac{x'Bx}{x'x} = \lambda_k(B)$$

以上より

$$\lambda_k(A) > \lambda_k(B)$$

以上より，(b), (c) は自明である.   □

　本証明に関しては Rao (1973, p.62) および藤越康祝広島大学名誉教授より有益な助言を頂いた．この場を借りて感謝の意を表します.

A.7　行列と行列式

　本節は第 5 章「超幾何関数の Laplace 近似」のための行列と行列式について説明する．Magnus (1988) を参考にしている.

定理 A.7.1

$m \times n$ 行列 $X = (x_{ij})$ に対して

$$\mathrm{vec}(X) = (x_{11}, \ldots, x_{m1}, x_{12}, \ldots, x_{m2}, \ldots, x_{1n}, \ldots, x_{mn})'$$

と表記する．このとき

(a)　$\mathrm{vec}(ABC) = (C' \otimes A)\mathrm{vec}(B)$

(b)　$\mathrm{tr}\, A'B = (\mathrm{vec}(A))'\mathrm{vec}(B)$

(c)　$\mathrm{vec}(ABCD) = (\mathrm{vec}(D'))'(C' \otimes A)\mathrm{vec}(B)$

$$\qquad\qquad = (\mathrm{vec}(D))'(A \otimes C')\mathrm{vec}(B')$$

となる.

（証明） $B_{n \times r} = [b_1, \ldots, b_r]$, $C_{r \times q} = [c_1, \ldots, c_q]$, b_i, c_j は列ベクトルとする.

(a) (ABC) の第 j 列は

$$ABc_j = A[b_1, \ldots, b_r] \begin{bmatrix} c_{1j} \\ \vdots \\ c_{rj} \end{bmatrix} = c_{1j}Ab_1 + \cdots + c_{rj}Ab_r$$

$$= [c_{1j}A, \ldots, c_{rj}A] \begin{bmatrix} b_1 \\ \vdots \\ b_r \end{bmatrix}$$

$$= (c_j' \otimes A)\mathrm{vec}(B)$$

ゆえに

$$\mathrm{vec}(ABC) = (C' \otimes A)\mathrm{vec}(B)$$

(b),(c) は (a) を用いて示される. $\square$

定理 A.7.2

A を $m \times n$ 行列, $\mathrm{vec}(A)$ を $mn \times 1$ ベクトルとし,

$$K_{mn}\mathrm{vec}(A) = \mathrm{vec}(A')$$

とする. このとき, 以下が成り立つ.

(a) K_{mn} は置換行列より, $K_{mn}K_{mn}' = I_{mn}$ であり $K_{mn}' = K_{mn}^{-1}$ となる. A を $m \times n$ 行列, B を $p \times q$ 行列とするとき,

$$K_{pm}(A \otimes B) = (B \otimes A)K_{qn}$$

(b) m 次単位行列 I_m, n 次単位行列 I_n において, 行列の列ベクトルを $I_m = [e_1, \ldots, e_m]$, $I_n = [u_1, \ldots, u_n]$ とし, $H_{ij} = e_iu_j'$ とする.

$$K_{mn} = \sum_{i=1}^m \sum_{j=1}^n (H_{ij} \otimes H_{ij}'), \quad \mathrm{tr}\, K_{nn} = n$$

(証明)　(a)　X を $n \times q$ 行列とし，定理 A.7.1(a) より

$$K_{pm}(A \otimes B)\mathrm{vec}(X) = K_{pm}\mathrm{vec}(BXA')$$
$$= \mathrm{vec}(AX'B') = (B \otimes A)\mathrm{vec}(X')$$
$$= (B \otimes A)K_{qn}\mathrm{vec}(X)$$

となる.

(b)　X を $m \times n$ 行列とする.

$$X' = I_n X' I_m = \left(\sum_{j=1}^{n} u_j u_j'\right) X' \left(\sum_{i=1}^{m} e_i e_i'\right)$$
$$= \sum_{i=1}^{m}\sum_{j=1}^{n} u_j(u_j' X' e_i)e_i' = \sum_{i=1}^{m}\sum_{j=1}^{n} (u_j e_i')X(u_j e_i')$$
$$= \sum_{i=1}^{m}\sum_{j=1}^{n} H_{ij}' X H_{ij}'$$

これより，

$$\mathrm{vec}(X') = \sum_{i=1}^{m}\sum_{j=1}^{n} \mathrm{vec}(H_{ij}' X H_{ij}')$$
$$= \sum_{i=1}^{m}\sum_{j=1}^{n} (H_{ij} \otimes H_{ij}')\mathrm{vec}(X)$$

ゆえに

$$K_{mn}\mathrm{vec}(X) = \sum_{i=1}^{m}\sum_{j=1}^{n} (H_{ij} \otimes H_{ij}')\mathrm{vec}(X)$$

となる.　　　　　□

定理 A.7.3

A を n 次正方行列とするとき，

$$N_n \mathrm{vec}(A) = \mathrm{vec}\left(\frac{1}{2}(A + A')\right)$$

とする. このとき，以下が成り立つ.

(a) $N_n = \dfrac{1}{2}(I_{n^2} + K_{nn})$, $K_{nn} = K'_{nn}$ である.

(b) $N_n = N'_n = N_n^2$

定理 A.7.4

$I_{\frac{1}{2}n(n+1)}$ は $\frac{1}{2}n(n+1)$ 次単位行列とする.

$$I_{\frac{1}{2}n(n+1)} = [u_{11}, u_{21}, \ldots, u_{n1}, u_{22}, \ldots, u_{n2}, \ldots, u_{nn}]$$

とし, u_{ij} は $\frac{1}{2}n(n+1)$ 次元ベクトルである. このとき, 以下が成り立つ.

(a) $I_{\frac{1}{2}n(n+1)} = \displaystyle\sum_{i \geq j} u_{ij}u'_{ij}$
   ここで,

$$S_{ij} = \begin{cases} \frac{1}{2}(E_{ij} + E_{ji}) & (i \neq j) \\ E_{ii} & (i = j) \end{cases} \qquad T_{ij} = \begin{cases} E_{ij} + E_{ji} & (i \neq j) \\ E_{ii} & (i = j) \end{cases}$$

とする. $E_{ij} = e_i e'_j$ である.

(b) $\operatorname{tr} A' S_{ij} A T_{st} = a_{is}a_{jt} + a_{it}a_{js} - \delta_{st}a_{is}a_{jt}$

定理 A.7.5

n 次対称行列 A について,

$$\nu(A) = (a_{11}, a_{21}, \ldots, a_{n1}, a_{22}, \ldots, a_{n2}, \ldots, a_{nn})'$$

とする. D_n を $n^2 \times \frac{1}{2}n(n+1)$ 行列, $D_n \nu(A) = \operatorname{vec}(A)$ とする.

(a) $D_n = \displaystyle\sum_{i \geq j} (\operatorname{vec}(T_{ij})) u'_{ij}$

(b) $K_{nn}D_n = D_n = ND_n{}_n$

(c) $D'_n D_n = 2I_{\frac{1}{2}n(n+1)} - \displaystyle\sum_{i=1}^{n} u_{ii}u'_{ii}$,

$$(D'_n D_n)^{-1} = \frac{1}{2}\left(I_{\frac{1}{2}n(n+1)} + \sum_{i=1}^{n} u_{ii}u'_{ii}\right)$$

(d) $|D'_n D_n| = 2^{\frac{1}{2}n(n-1)}$

(証明)

(a)
$$A = A'_{n \times n} = \sum_{i \geq j} a_{ij} T_{ij}, \ a_{ij} = u'_{ij} \nu(A) \quad (i \geq j)$$

これより

$$\text{vec}(A) = \sum_{i \geq j} (\text{vec}(T_{ij})) a_{ij} = \sum_{i \geq j} (\text{vec}(T_{ij})) u'_{ij} \nu(A)$$

よって，$\text{vec}(A) = D_n \nu(A)$ より求めるものとなる．

(b) $A = A'$ に対して，
$$K_{nn} D_n(A) = K_{nn} \text{vec}(A) = \text{vec}(A') = \text{vec}(A)$$
$$= D_n \nu(A)$$

$N = \frac{1}{2}(I + K_{nn})$ より
$$ND_n = D_n$$

(c) $(\nu(X))'(D'_n D_n)\nu(X) = (\text{vec}(X))'\text{vec}(X)$
$$= 2 \sum_{i \geq j} x_{ij}^2 - \sum_{i=1}^{n} x_{ii}^2$$
$$= 2\nu(X)'\nu(X) - \sum_{i=1}^{n} (\nu(X))' u_{ii} u'_{ii} \nu(X)$$
$$= (\nu(X))' \left[2I_{\frac{1}{2}n(n+1)} - \sum_{i=1}^{n} u_{ii} u'_{ii} \right] \nu(X)$$

$(D'_n D_n)^{-1}$ は自明．

(d) $D'_n D_n$ は対角行列で，対角成分は $\frac{1}{2}n(n-1)$ 個の「2」と n 個の「1」で構成されている．よって，
$$|D'_n D_n| = 2^{\frac{1}{2}n(n-1)}$$

となる． □

定理 A.7.6

$D_n^+ \equiv (D_n' D_n)^{-1} D_n'$ とする．このとき，以下が成り立つ．

(a) $D_n^+ = \sum_{i \geq j} u_{ij} (\text{vec}(S_{ij}))'$

(b) $D_n = N_n D_n$

(c) $D_n^+ = D_n^+ N$

(d) $D_n D_n^+ = N$

(証明)

(a) $D_n^+ = \dfrac{1}{2}(I_{\frac{1}{2}n(n+1)} + \sum_{i=1}^{n} u_{ii} u_{ii}') D_n'$

$\qquad = \dfrac{1}{2} D_n' + \dfrac{1}{2} \sum_{i=1}^{n} u_{ii} u_{ii}' D_n' = \dfrac{1}{2} D_n' + \dfrac{1}{2} \sum_{i=1}^{n} u_{ii} (D_n u_{ii})'$

$\qquad = \dfrac{1}{2} \sum_{i \geq j} u_{ij} (\text{vec}(T_{ij}))' + \dfrac{1}{2} \sum_{i=1}^{n} u_{ii} \left(\sum_{k \geq \ell} (\text{vec}(T_{k\ell}) u_{k\ell}') u_{ii} \right)'$

$\qquad = \dfrac{1}{2} \sum_{i \geq j} u_{ij} (\text{vec}(T_{ij}))' + \dfrac{1}{2} \sum_{i=1}^{n} u_{ii} (\text{vec}(E_{ii}))'$

$\qquad = \sum_{i \geq j} u_{ij} (\text{vec}(S_{ij}))'$

(b),(c) $X = X'$ に対して，

$$N_n D_n \nu(X) = D_n \nu(X)$$

$$D_n^+ \text{vec}(X) = D_n^+ N \text{vec}(X)$$

をそれぞれ導く．

(d) N および $D_n D_n^+$ はべき等行列である．ゆえに，$N - D_n D_n^+$ もべき等となる．

よって，

$$\text{rank}(N - D_n D_n^+) = \text{tr}\, N - \text{tr}\, D_n D_n^+$$
$$= \frac{1}{2} n(n+1) - \frac{1}{2} n(n+1) = 0$$

ゆえに，$N = D_n D_n^+$ となる． $\qquad\qquad\qquad\qquad\qquad \square$

定理 A.7.7

(a)　A が対角（または上三角，下三角）行列のとき，$D_n^+(A \otimes A)D_n$ も対角（または上三角，下三角）行列となる．

(b)　$\left|D_n^+(A \otimes A)D_n\right| = |A|^{n+1}$

(c)　$\left|D_n'(A \otimes A)D_n\right| = 2^{\frac{1}{2}n(n-1)}|A|^{n+1}$

(d)　A, B を n 次行列とし，A^{-1} が存在するとする．BA^{-1} の固有値を $\lambda_1, \ldots, \lambda_n$ とする．このとき

(d.1)　$\left|D_n'(A \otimes A + B \otimes B)D_n\right| = 2^{\frac{1}{2}n(n-1)}|A|^{n+1}\prod_{i \geq j}(1 + \lambda_i\lambda_j)$

(d.2)　A, B を上三角行列とすると，
$$\left|D_n^+(A \otimes A + B \otimes B)D_n\right| = 2^{\frac{1}{2}n(n-1)}\prod_{i \geq j}(a_{ii}a_{jj} + b_{ii}b_{jj})$$
である．

(d.3)　$A^{(k)} = \mathrm{diag}(a_1^{(k)}, \ldots, a_n^{(k)}),\ k = 1, 2, \ldots, m$ とするとき
$$\left|\sum_{k=1}^m D_n'(A^{(k)} \otimes A^{(k)})D_n\right| = 2^{\frac{1}{2}n(n-1)}\prod_{i=1}^n\prod_{j=i}^n\left(\sum_{k=1}^m a_i^{(k)}a_j^{(k)}\right)$$
となる．

（証明）　(a)　定理 A.7.5(a)，定理 A.7.6(a) および定理 A.7.4(b) を用いて，
$$D_n^+(A \otimes A)D_n = \sum_{i \geq j}\sum_{s \geq t}(a_{it}a_{js} + a_{is}a_{jt} - \delta_{st}a_{is}a_{jt})u_{ij}u_{st}'$$
となる．

　行列 A の対角（上三角，下三角）行列に対する $D_n^+(A\otimes A)D_n$ は，次のインデックスの領域によって表示される．
$$A_1 = \{j \leq i \leq t \leq s\}, \quad A_2 = \{j \leq i \leq s; j \leq t \leq s\}, \quad A_3 = \{j \leq i \leq s\}$$
$$B_1 = \{t \leq s \leq j \leq i\}, \quad B_2 = \{t \leq j \leq i; t \leq s \leq i\}, \quad B_3 = \{s \leq j \leq i\}$$
$$C_4 = \{j \leq i\}.$$

また，

$$I_1 = \sum a_{it}a_{js}u_{ij}u'_{st}, \quad I_2 = \sum a_{is}a_{jt}u_{ij}u'_{st},$$
$$I_3 = \sum a_{is}a_{js}u_{ij}u'_{ss}, \quad I_4 = \sum a_{ii}a_{jj}u_{ij}u'_{ij}$$

とし，$I_i(A_j)$ は A_j 上での I_i の和を示すとする．

このとき

A：上三角行列の場合．$D_n^+(A \otimes A)D_n = I_1(A_1) + I_2(A_2) - I_3(A_3)$

A：下三角行列の場合．$D_n^+(A \otimes A)D_n = I_1(B_1) + I_2(B_2) - I_3(B_3)$

A：対角行列の場合．$D_n^+(A \otimes A)D_n = I_4(C_4)$

となる．

【例 A.7.1】 $n = 2$ として $A = \begin{bmatrix} a_{11} & a_{12} \\ a_{21} & a_{22} \end{bmatrix}$ とすると，以下が成り立つ．

$$D_n^+(A \otimes A)D_n = \begin{bmatrix} a_{11}^2 & 2a_{11}a_{12} & a_{12}^2 \\ a_{21}a_{11} & a_{11}a_{22} + a_{12}a_{21} & a_{22}a_{12} \\ a_{21}^2 & 2a_{22}a_{21} & a_{22}^2 \end{bmatrix}$$

(b) Schur 分解により $A = LML^{-1}$ とし，M は上三角行列で対角成分は A の固有値 λ_i $(i = 1, 2, \ldots, n)$ となる．よって，

$$D_n^+(A \otimes A)D_n = D_n^+(LML^{-1} \otimes LML^{-1})D_n$$

となる．ここで

$$D_n D_n^+(B \otimes B)D_n = (B \otimes B)D_n$$

であるから，

$$D_n^+(A \otimes A)D_n = D_n^+(L \otimes L)D_n \cdot D_n^{-1}(M \otimes M)D_n \cdot D_n^+(L^{-1} \otimes L^{-1})D_n$$

となる．定理 A.7.7(a) より $D_n^+(M \otimes M)D_n$ は上三角行列で，対角成分は $\lambda_i\lambda_j$ $(i \geq j)$ となる．以上より

$$\left| D_n^+(A \otimes A)D_n \right| = \prod_{i \geq j} \lambda_i\lambda_j = |A|^{n+1}$$

となる．

(c)

$$D_n'(A \otimes A)D_n = (D_n'D_n)D_n^+(A \otimes A)D_n$$

より，定理 A.7.5(a)，定理 A.7.7(b) より求めるものになる.

(d)

$$D_n'(A \otimes A + B \otimes B)D_n = (D_n'D_n)D_n^+(A \otimes A + B \otimes B)D_n$$

そして

$$D_n^+(A \otimes A + B \otimes B)D_n$$
$$= (I \otimes I + D_n^+(BA^{-1} \otimes BA^{-1})D_n)D_n^+(A \otimes A)D_n$$

ここで BA^{-1} の Schur 分解により $BA^{-1} = LML^{-1}$ とし，M は対角成分が BA^{-1} の固有値 λ_i $(i = 1, 2, \dots, n)$ となる.

　よって

$$\left| I \otimes I + D_n^+(BA^{-1} \otimes BA^{-1})D_n \right|$$
$$= \left| D_n^+(I \otimes I + M \otimes M)D_n \right| = \prod_{i \geq j}(1 + \lambda_i\lambda_j)$$

より，(d.1) を得る.

　また，A, B を上三角行列とすると，BA^{-1} の対角成分は $b_{ii}b_{jj}/a_{ii}a_{jj}$ であるから

$$\left| D_n^+(A \otimes A + B \otimes B)D_n \right| = 2^{\frac{1}{2}n(n-1)} |A|^{n+1} \prod_{i \geq j}\left(1 + \frac{b_{ii}b_{jj}}{a_{ii}a_{jj}}\right)$$
$$= 2^{\frac{1}{2}n(n-1)} \prod_{i \geq j}(a_{ii}a_{jj} + b_{ii}b_{jj})$$

となり，(d.2) を得る.

$$D_n'(A^{(k)} \otimes A^{(k)})D_n$$
$$= \mathrm{diag}(2c_{ij}a_i^{(k)}a_j^{(k)}; i = 1, 2, \dots, n, \quad j = i, i+1, \dots, n)$$
$$c_{ij} = \begin{cases} 1/2, & i = j \\ 1\ \ , & i \neq j \end{cases}$$

であるから (d.3) を得る.　　　　　　　　　　　　　　　　　　　□

定理 A.7.8

A を $m \times n$ 行列とし，$\mathrm{rank}(A) = r$ とする．$A'A$ の固有値を $\lambda_1, \ldots, \lambda_r$ とし，$P = K_{nn}(A' \otimes A)$ とする．

(a) $P' = P$

(b) $\mathrm{rank}(P) = r^2$

(c) P のゼロでない根は λ_i $(i = 1, 2, \ldots, r)$, $\pm\sqrt{\lambda_i\lambda_j}$ $(i < j)$ である．

(d) $(\tau_i \otimes \sigma_i)$, $i = 1, 2, \ldots, r$

$$\frac{1}{\sqrt{2}}(\tau_i \otimes \sigma_j + \tau_j \otimes \sigma_i), \quad i < j$$

$$\frac{1}{\sqrt{2}}(\tau_i \otimes \sigma_j - \tau_j \otimes \sigma_i), \quad i < j$$

は正規直交系をなす．

（証明） (a),(b) 自明である．これより P は r^2 個の固有値を有する．

(c) $\mathrm{rank}(A) = r$ より，$\mathrm{rank}(A'A) = \mathrm{rank}(AA') = r$ である．

$A'A$ のスペクトル分解より

$$A'A = S\Lambda S', \ S = (\sigma_1, \ldots, \sigma_r)_{n \times r}$$

$$\Lambda = \mathrm{diag}(\lambda_1, \ldots, \lambda_r), \ \lambda_i > 0, \ S'S = I_r$$

$$AA' = T\Lambda T', \ T = [\sigma_1, \ldots, \sigma_r], \ T'T = I_r$$

となる．これより A の特異値分解は $A = T\Lambda^{1/2}S'$, $\Lambda^{1/2} = \mathrm{diag}(\sqrt{\lambda_1}, \ldots, \sqrt{\lambda_r})$ となる．よって

$$A\sigma_i = \sqrt{\lambda_i}\tau_i, \quad A'\tau_i = \sqrt{\lambda_i}\sigma_i, \quad i = 1, 2, \ldots, r$$

であるから，

$$K_{nn}(A' \otimes A)(\tau_i \otimes \sigma_i) = \lambda_i(\tau_i \otimes \sigma_i)$$

$$K_{nn}(A' \otimes A)(\tau_i \otimes \sigma_j + \tau_j \otimes \sigma_i) = \sqrt{\lambda_i\lambda_j}(\tau_i \otimes \sigma_j + \tau_j \otimes \sigma_i)$$

$$K_{nn}(A' \otimes A)(\tau_i \otimes \sigma_j - \tau_j \otimes \sigma_i) = -\sqrt{\lambda_i\lambda_j}(\tau_i \otimes \sigma_j - \tau_j \otimes \sigma_i) \qquad \square$$

A.8　行列変数の密度関数

定理 A.8.1 （Hsu の補題）

$X_{m \times n}$ $(m \leq n)$ の密度関数が $f(XX')$ であるとき，$S = XX'$ の密度関数は

$$g(S) = \frac{\pi^{\frac{1}{2}mn}}{\Gamma_m(\frac{n}{2})} |S|^{\frac{1}{2}(n-m-1)} \cdot f(S), \quad S > 0$$

となる.

(証明)　$X = TL$, T を $m \times m$ 下三角行列. L を $m \times n$ 行列, $LL' = I_m$ とする. このとき

$$J(X; T, L) = \prod_{i=1}^{m} t_{ii}^{n-i} h(L)$$

ここで $h(L)$ は具体的に表示することはできないので，単に $h(L)$ とする (Muirhead, 1982, 定理 2.1.13).

次に $S = TT'$ とする. 定理 A.5.2 を用いて

$$J(T; S) = \frac{1}{J(S; T)} = \left[2^m \prod_{i=1}^{m} t_{ii}^{m-i+1} \right]^{-1}$$

となる. 以上より,

$$f(XX')dX = f(S) \cdot 2^{-m} \prod_{i=1}^{m} t_{ii}^{n-m-1} dT h(L) dL$$

$$= 2^{-m} f(S) |S|^{\frac{1}{2}(n-m-1)} h(L) dL dS$$

ここで Muirhead (1982, 定理 2.1.15) より

$$\int_{LL'=I_m} h(L) dL = \frac{2^m \pi^{\frac{1}{2}mn}}{\Gamma_m(\frac{n}{2})}$$

を用いて求めるものとなる.　　　　　　　　　　　　　□

定理 A.8.2

$X = [x_1, \ldots, x_n]_{m \times n}$ の列ベクトル x_α は互いに独立で $N(0, \Sigma)$ とすると，$S = XX'$ の密度関数は

$$g(S) = \frac{1}{\Gamma_m\left(\frac{n}{2}\right) |2\Sigma|^{n/2}} |S|^{\frac{1}{2}(n-m-1)} \operatorname{etr}\left(-\frac{1}{2}\Sigma^{-1}S\right), \quad S > 0$$

この S を自由度 n の Wishart 行列といい，$S \sim W(\Sigma, n)$ と記す.

(証明)　X の同時密度関数は

$$\prod_{\alpha=1}^{n} \frac{1}{(2\pi)^{m/2} |\Sigma|^{1/2}} \exp\left[-\frac{1}{2}x_\alpha' \Sigma^{-1} x_\alpha\right]$$
$$= \frac{1}{(2\pi)^{mn/2} |\Sigma|^{n/2}} \operatorname{etr}\left(-\frac{1}{2}\Sigma^{-1}XX'\right)$$

これより Hsu の補題を用いて得られる.　　　　□

定理 A.8.3

$X = [x_1, \ldots, x_n]$, $M = [\mu_1, \ldots, \mu_n]$ とし，$x_\alpha \sim N_m(\mu_\alpha, \Sigma)$ は互いに独立とする. このとき $S = XX'$ を自由度 n，非心母数行列 $\Omega = \Sigma^{-1}MM'$ の非心 Wishart 行列といい，$S \sim NW(\Sigma, n, \Omega)$ と記す.

密度関数は

$$f(S) = \frac{1}{\Gamma_m\left(\frac{n}{2}\right) |2\Sigma|^{n/2}} \operatorname{etr}\left(-\frac{1}{2}\Omega\right) \cdot |S|^{\frac{1}{2}(n-m-1)} \operatorname{etr}\left(-\frac{1}{2}\Sigma^{-1}S\right)$$
$$\times {}_0F_1\left(\frac{n}{2}; \frac{1}{4}\Omega\Sigma^{-1}S\right)$$

となる.

最初に James (1960)，Constantine (1963) により得られた. Muirhead (1982, 定理 7.4.1) は興味深い導出をしている. (5.1.2) より

$$\int_{S>0} f(S)dS = 1$$

となる.

定理 A.8.4

(1) $W_1 \sim W(I_m, n_1)$, $W_2 \sim W(I_m, n_2)$ は互いに独立とする．$G = W_1 + W_2$ とすると，$B = G^{-1/2} W_1 G^{-1/2}$ の密度関数は

$$g(B) = \frac{\Gamma_m\left(\frac{n_1+n_2}{2}\right)}{\Gamma_m\left(\frac{n_1}{2}\right)\Gamma_m\left(\frac{n_2}{2}\right)} |B|^{\frac{1}{2}(n_1-m-1)} |I-B|^{\frac{1}{2}(n_2-m-1)}, \quad O < B < I$$

となる．B をベータ行列変数といい，$\mathrm{Beta}\left(\frac{n_1}{2}, \frac{n_2}{2}\right)$ と記す．

(2) $W_i \sim W(I_m, n_i)$, $i = 1, 2, \ldots, k+1$ は互いに独立とする．$G = \sum_{i=1}^{k+1} W_i$ とする．$D_i = G^{-1/2} W_i G^{-1/2}$, $i = 1, 2, \ldots, k$ の密度関数は

$$g(D_1, \ldots, D_k)$$

$$= \frac{\Gamma_m\left(\sum_{i=1}^{k+1} \frac{n_i}{2}\right)}{\prod_{i=1}^{k+1} \Gamma_m\left(\frac{n_i}{2}\right)} \prod_{i=1}^{k} |D_i|^{\frac{1}{2}(n_i-m-1)} \left| I_m - \sum_{i=1}^{k} D_i \right|^{\frac{1}{2}(n_{k+1}-m-1)}$$

$$O < D_i < I_m, \ i = 1, 2, \ldots, k, \ O < \sum_{i=1}^{k} D_i < I_m$$

となり，$(D_1, \ldots, D_k)$ を Dirichlet 行列変数といい，$Dir\left(\frac{n_1}{2}, \ldots, \frac{n_k}{2}, \frac{n_{k+1}}{2}\right)$ と記す．

定理 A.8.5

$S \sim W(\Sigma, n)$ とする．S の最大固有値の分布関数は

$$P\{S < xI_m\} = P\{\lambda_1 < x\}$$
$$= \frac{\Gamma_m\left(\frac{m+1}{2}\right)}{\Gamma_m\left(\frac{n+m+1}{2}\right) |2\Sigma|^{n/2}} x^{\frac{1}{2}mn} {}_1F_1\left(\frac{n}{2}; \frac{n+m+1}{2}; -\frac{x}{2}\Sigma^{-1}\right)$$

となる．

$B \sim \mathrm{Beta}\left(\frac{n_1}{2}, \frac{n_2}{2}\right)$ とする．B の最大固有値の分布関数は

$$P\{B < xI\} = P\{\lambda_1 < x\}$$
$$= \frac{\Gamma_m\left(\frac{n_1+n_2}{2}\right)\Gamma_m\left(\frac{m+1}{2}\right)}{\Gamma_m\left(\frac{n_1+m+1}{2}\right)\Gamma_m\left(\frac{n_2}{2}\right)} x^{\frac{1}{2}n_1 m} {}_2F_1\left(\frac{n_1}{2}, \frac{m+1}{2} - \frac{n_2}{2}; \frac{1}{2}(n_1+m+1); xI_m\right)$$

となる. (5.1.4) を用いて, これらを求めることができる.

A.9 パフィアンと Ω 積分

de Bruijn (1955) を参考にしている.

定義 A.9.1 （符号関数）
$x_1, \ldots, x_n$ を実数とするとき,

$$E(x_1, \ldots, x_n) = \prod_{1 \le i < j \le n} \operatorname{sgn}(x_j - x_i)$$

を符号関数という.

① $x_1 < x_2 < \cdots < x_n$ のとき $E(x_1, x_2, \ldots, x_n) = 1$ となる.

② $x_1, \ldots, x_n$ の内に同じ数が存在するとき $E(x_1, \ldots, x_n) = 0$ となる.

③ $E(x_1) = 1$ とする.

$E(x_1, x_2, \ldots, x_n)$ は $n = 2m$ のとき

$$
\begin{aligned}
&E(x_1, \ldots, x_n) \\
&= \frac{1}{2^m m!} \sum_{j_1=1}^{n} \cdots \sum_{j_n=1}^{n} E(j_1, \ldots, j_n) E(x_{j_1}, x_{j_2}) \cdots E(x_{j_{2m-1}}, x_{j_{2m}})
\end{aligned}
$$

$$(A.9.1)$$

と表現できる.

定義 A.9.2 （パフィアン）
n 次交代行列, $A = -A'$ とする. $n = 2m$ のとき,

$$Pf(A) = \frac{1}{2^m m!} \sum_{j_1=1}^{n} \cdots \sum_{j_n=1}^{n} E(j_1, \ldots, j_n) a_{j_1 j_2} \cdots a_{j_{2m-1} j_{2m}} \qquad (A.9.2)$$

を行列 $A = (a_{ij})$ のパフィアン (Pfaffian) という.

付　　録

また，$n = 2m+1$ の場合には $(2m+2)$ 列を「1」，$(2m+2)$ 行を「−1」とし，$(2m+2, 2m+2)$ 成分は「0」とする行列を $\widetilde{A}$ とし，$\widetilde{A}$ に対するパフィアンを $Pf(\widetilde{A})$ と記す．

定理 A.9.1

(a)　$C' = -C$, $c_{12} = c_{34} = \cdots = c_{n-1,n} = 1$, $c_{21} = c_{43} = \cdots = c_{n,n-1} = -1$ とするとき，

$$Pf(C) = 1$$

となる．

(b)　$A' = -A$, Q は任意の行列とするとき，

$$Pf(QAQ') = |Q|\, Pf(A)$$

となる．

(c)　C を (a) のように取るとき，適当な正則行列 P により

$$A = PCP'$$

と書ける．

(d)　$A' = -A$ のとき，

$$[Pf(A)]^2 = |A|,\ Pf(A) = |A|^{1/2} \tag{A.9.3}$$

となる．

(e)　(A.9.2) において，$a_{j_k j_{k+1}} = E(x_{j_k}, x_{j_{k+1}})$, $k = 1, 2, \ldots, 2m-1$ とするとき，(A.9.1) を得る．

$\phi_1(x_1), \ldots, \phi_n(x_n)$ は区間 $[a, b]$ で可積分関数とし，行列式 $|\phi_i(x_j)|$ に対して，Ω 積分を

$$\Omega = \int \cdots \int_{a \le x_1 < \cdots < x_n \le b} |\phi_i(x_j)|\, dx_1 \cdots dx_n \tag{A.9.4}$$

とする．積分領域に $E(x_1, \ldots, x_n)$ を作用させると，

$$\Omega = \frac{1}{n!} \int_a^b \cdots \int_a^b E(x_1, \ldots, x_n) \, |\phi_i(x_j)| \, dx_1 \cdots dx_n$$

となる．また，行列式は $n!$ 個の項よりなるが，各項の積分は同じ効果をもつので，

$$\Omega = \int_a^b \cdots \int_a^b E(x_1, \ldots, x_n) \phi_1(x_1) \cdots \phi_n(x_n) dx_1 \cdots dx_n$$

である．(A.9.1) を用いて，

$$\Omega = \frac{1}{2^m m!} \int_a^b \cdots \int_a^b \sum_{j_1=1}^n \cdots \sum_{j_n=1}^n E(j_1, \ldots, j_n) E(x_{j_1}, x_{j_2}) \cdots$$

$$\times E(x_{j_{2m-1}}, x_{j_{2m}}) \cdot \phi_1(x_1) \cdots \phi_n(x_n) dx_1 \cdots dx_n$$

となる．ここで，$n = 2m$ のとき，

$$a_{ij} = \int_a^b \int_a^b \phi_i(x) \phi_j(y) \mathrm{sgn}(y - x) dx dy, \ i, j = 1, 2, \ldots, 2m$$

$n = 2m + 1$ のとき，

$$a_{i,2m+2} = -a_{2m+2,i} = \int_a^b \phi_i(x_i) dx_i, \ i = 1, 2, \ldots, 2m + 1$$

とする．このとき，行列 $A = (a_{ij})$ とすれば，

$$\Omega = Pf(A) \tag{A.9.5}$$

となる．

岩崎史郎一橋大学名誉教授にはパフィアンに関する有益な資料（数理科学，1995）を御教示いただいた．この場を借りて感謝の意を表します．

あとがき

　本書では，狭い分野ではあるが，従来多変量解析で用いられる各種統計量の分布問題を鞍点近似，Laplace 近似を用いると非常に精確な結果が得られることを重点的に述べた．Butler (2007) は鞍点近似の使用に関して，推定方程式の問題，確率過程への応用，ブートストラップ法での適用，Bayes 理論などでの使用を取り上げている．他にもゲーム理論，ノンパラメトリック理論，また工学，情報科学などの広い分野で議論され，豊かな成果が得られている．

　読者が本書で接した鞍点近似法，Laplace 近似法の有益性を認識して，他の分野での Serendipity を経験する機会が有れば著者として大変に嬉しく思います．

参考文献

[1] Abramowitz, M. and Stegun, I. A. (1970). *Handbook of Mathematical Functions 9th Edn.* Dover, New York.

[2] Anderson, T. W. (1958). *An Introduction to Multivariate Statistical Analysis.* Wiley.

[3] Anderson, T. W. (2003). *An Introduction to Multivariate Statistical Analysis, 3rd Edition.* John Wiley & Sons.

[4] Barndorff-Nielsen, O. E. (1983). On a formula for the distribution of the maximum likelihood estimator. Biometrika, 70, 343-365.

[5] Barndorff-Nielsen, O.E. and Cox, D.R. (1979) Edgeworth and saddle-point approximation with statistical applications (with Discussion). J. R. Stat. Soc., Series B, 41, 279-312.

[6] Barndorff-Nielsen, O. E. and Cox, D. R. (1989). *Asymptotic Techniques for Use in Statistics.* Chapman & Hall.

[7] Barndorff-Nielsen, O. E. and Cox, D. R. (1994). *Inference and Asymptotics.* Chapman & Hall.

[8] Barnes, E. W. (1899). The theory of the gamma function. Messenger Mathematics, 29, 64-128.

[9] Bartlett, M. S. (1937). Properties of sufficiency and statistical test. Proceedings of the Royal Society (London) A, 160, 268-282.

[10] Bartlett, M. S. (1939). A note on tests of significance in multivariate analysis. Math. Proc. Cambridge Philos. Soc., 35, 180-185.

[11] Blæsild, P. and Jensen, J. L. (1985). Saddlepoint formulas for reproductive exponential models. Scand. J. Statist., 12, 193-202.

[12] Booth, J. G., Butler, R. W., Huzurbazar, S., and Wood, A. T. A. (1995). Saddlepoint approximations for P-values of some tests of covariance matrices. J. Statist. Comput. Simul., 53, 165-180.

[13] Box, G. E. P. (1949). A general distribution theory for a class of likelihood criteria. Biometrika, 36, 317-346.

[14] Butler, R. W. (2000). Reliabilities for feedback systems and their saddlepoint approximation. Statistical Science, 15, 279-298.

[15] Butler, R. W. (2007). *Saddlepoint Approximations with Applications.* Cambridge University Press.

[16] Butler, R. W., Huzurbazar, S. and Booth, J. G. (1992a). Saddlepoint approximations for the generalized variance and Wilks' statistic. Biometrika, 79, 157-169.

[17] Butler, R. W., Huzurbazar, S. and Booth, J. G. (1992b). Saddlepoint approximations for the Bartlett-Nanda-Pillai trace statistic in multivariate analysis. Biometrika, 79, 705-715.

[18] Butler, R. W., Huzurbazar, S. and Booth, J. G. (1993). Saddlepoint approximations for tests of block independence, sphericity and equal variances and covariances. J. R. Statist. Soc., B, 55, 171-183.

[19] Butler, R. W. and Paige, R. L. (2011). Exact distributional computations for Roy's statistic and the largest eigenvalue of a Wishart distribution. Statist. Comput., 21, 147-157.

[20] Butler, R. W. and Wood, A. T. A. (2000), Power calculations in multivariate analysis. Technical Report, Colorado State University.

[21] Butler, R. W. and Wood, A. T. A. (2002). Laplace approximations for hypergeometric functions with matrix arguments. Ann. Statist., 30, 1155-1177.

[22] Butler, R. W. and Wood, A. T. A. (2003). Laplace approximations for Bessel functions of matrix argument. J. Comp. Appl. Math., 155, 359-382.

[23] Butler, R. W. and Wood, A. T. A. (2005). Approximation of power in multivariate analysis. Statist. Comput., 15, 281-287.

[24] Constantine, A. G. (1963). Some non-central distribution problems in multivariate analysis. Ann. Math. Statist., 34, 1270-1285.

[25] Cordeiro, G. M. and Ferrari, S, L. de Paula. (1991). A modified score test statistic having chi-squared distribution to order n^{-1}. Biometrika, 78, 573-582.

[26] Courant, R. and Hilbert, D. (1950). *Methods of Mathematical Physics Vol. I.* Wiley, New York.

[27] Daniels, H. E. (1954). Saddlepoint approximations in statistics. Ann.

Math. Statist., 25, 631-650.

[28] Daniels, H. E. (1980). Exact saddlepoint approximations. Biometrika, 67, 59-63.

[29] Daniels, H. E. (1987). Tail probability approximations. Int. Statist. Review, 55, 37-48.

[30] de Bruijn, N. G. (1955). On some multiple integrals involving determinants. J. Indian Math. Soc., 19, 133-151.

[31] de Bruijn, N. G. (1970). *Asymptotic Methods in Analysis, 3rd Ed.* North-Holland, Amsterdam.

[32] Debye, P. (1909). Näherungsformeln für die Zylinderfunktionen für große Werte des Arguments und unbeschränkt veränderliche Werte des Index. Math. Ann., 67, 535-558.

[33] Downton, F. (1970). Bivariate Exponential Distributions in Reliability Theory. J. R. Stat. Soc., B, 32, 408-417.

[34] Farrell, R. H. (1976). *Techniques of Multivariate Calculation.* Springer, New York.

[35] Field, C. A. and Ronchetti, E. (1990). *Small Sample Asymptotics.* Institute of Mathematical Statistics, Lecture Notes-Monograph Series Vol. 13.

[36] Fraser, D. A. S., Reid, N. and Wong, A. (1991). Exponential linear models: a two pass procedure for saddlepoint approximation. J. R. Statist. Soc., B, 53, 483-492.

[37] Fujikoshi, Y. (1970). Asymptotic expansions of the distributions of test statistics in multivariate analysis. J. Sci. Hiroshima Univ., Ser. A-I, 34, 73-144.

[38] Fujikoshi, Y. (1971). Asymptotic expansions of the non-null distributions of two criteria for the linear hypothesis concerning complex multivariate normal populations. Annals of the Institute of Statistical Mathematics, 23, 477-490.

[39] Gupta, R. D. and Richards, D. St. P. (1985). Hypergeometric functions of scalar matrix argument are expressible in terms of classical hypergeometric functions. SIAM J. Math. Anal., 16, 852-858.

[40] Hayakawa, T. (1975). The likelihood ratio criterion for a composite hypothesis under a local alternative. Biometrika, 62, 451-460.

[41] Hayakawa, T. (1977). The likelihood ratio criterion and the asymptotic expansion of its distribution. Ann. Inst. Statist. Math., 29, 359-378.

[42] Hayakawa, T. (1987). Correction to "The likelihood ratio criterion and the asymptotic expansion of its distribution". (Annals of the Institute of Statistical Mathematics, 1977, 29, 359-378.) Ann. Inst. Statist. Math., 39, Part A, 681.

[43] Hayakawa, T. (1994). Test of homogeneity of multiple parameters. J. Statist. Plann. Inf., 38, 351-357.

[44] James, A. T. (1960). The distribution of the latent roots of the covariance matrix. Ann. Math. Statist. 31, 151-158.

[45] James, A. T. (1961a). Zonal polynomials of the real positive definite symmetric matrices. Ann. Math., 74 , 456-469.

[46] James, A. T. (1961b). The distribution of noncentral means with known covariance matrix. Ann. Math. Statist., 32, 874-882.

[47] James, A. T. (1964). Distributions of matrix variates and latent roots derived from normal samples. Ann. Math. Statist., 35, 475-501.

[48] James, A. T. (1968). Calculation of zonal polynomial coefficients by use of the Laplace-Beltrami operator. Ann. Math. Statist., 39, 1711-1718.

[49] Jeffreys, H. and Jeffreys, B. S. (1961). *Methods of Mathematical Physics*, Cambridge University Press.

[50] Jensen, J. L. (1995). *Saddlepoint approximations.* Clarendon Press, Oxford.

[51] Kakizawa, Y. (1996). Higher order monotone Bartlett-type adjustment for some multivariate test statistics. Biometrika, 83, 923-927.

[52] Kakizawa, Y. (1997). Higher order Bartlett-type adjustment. J. Statist. Plann. Inf., 65, 269-280.

[53] Kakizawa, Y. (2013). Third-order local power properties of tests for a composite hypothesis. J. Multiv. Anal., 114, 303-317.

[54] Kass, R. E., Tierney, L. and Kadane, J. R. (1990). The validity of posterior expansions based on Laplace's method. in *Bayesian and Likelihood Methods in Statistics and Econometrics: Essays in Honor of George A. Barnard* (eds. Geisser, S., Hodges, J. S., Press, S. J. and

Zellner, A.), Stud. Bayesian Econometrics Statist., 7, North-Holland, Amsterdam, 1990, 473-488.

[55] Kushner, H. B., Lebou, A. and Meisner, M. (1981). Eigenfunctions of expected value operators in the Wishart distribution, II. J. Multiv. Anal., 11, 418-433.

[56] Kushner, H. B. and Meisner, M. (1980). Eigenfunctions of expected value operators in the Wishart distribution. Ann. Statist., 8, 977-988.

[57] Lee, Y. S. (1971). Distribution of the canonical correlations and asymptotic expansions for distributions of certain independence test statistics. Ann. Math. Statist., 42, 526-537.

[58] Lee, Y. S. (1972). Some results on the distribution of Wilks' likelihood-ratio criterion. Biometrika, 59, 649-664.

[59] Lugannani, R. and Rice, S. O. (1980). Saddle point approximation for the distribution of the sum of independent random variables. Adv. Appl. Prob., 12, 475-490.

[60] Magnus, J. R. (1988). *Linear Structures.* (Griffin's statistical monographs and courses 42). Griffin, London.

[61] Mathai, A. M. and Katiyar, R. S. (1979). Exact percentage points for testing independence. Biometrika, 66, 353-356.

[62] Mathai, A. M., Provost, S. B. and Hayakawa, T. (1995). *Bilinear Forms and Zonal Polynomials.* Lecture Notes in Statistics, 102, Springer-Verlag, New York.

[63] McCullagh, P. (1987). *Tensor Methods in Statistics.* Chapman & Hall, London.

[64] Moran, P. A. P. (1967). Testing for correlation between non-negative variates. Biometrika, 54, 385-394.

[65] Muirhead, R. J. (1970). Asymptotic distributions of some multivariate tests. The Annals of Mathematical Statistics, 41, 1002-1010.

[66] Muirhead, R. J. (1972a). The asymptotic noncentral distribution of Hotelling's generalized T_0^2. The Annals of Mathematical Statistics, 43, 1671-1677.

[67] Muirhead, R. J. (1972b). On the test of independence between two sets of variates. Ann. Math. Statist., 43, 1491-1497.

[68] Muirhead, R. J. (1982). *Aspects of Multivariate Statistical Theory.*

Wiley, New York.

[69] Muller, K. E. and Peterson, B. L. (1984). Practical methods for computing power in testing the multivariate general linear hypothesis. Comput. Statist. Data Anal., 2, 143-158.

[70] Nagarsenker, B. N. and Pillai, K. C. S. (1973). The distribution of the sphericity test criterion. J. Multiv. Anal., 3, 226-235.

[71] Nanda, D. N. (1950). Distribution of the sum of roots of a determinantal equation under a certain condition. Ann. Math. Statist., 21, 432-439.

[72] Nanda, D. N. (1951). Probability distribution tables of the largest root of a determinantal equation with two roots. Journal of the Indian Society of Agricultural Statistics, 3, 175-177.

[73] Neyman, J. and Pearson, E. S. (1928) On the use and interpretation of certain test criteria for purposes of statistical inference. Biometrika, 20A, Part 1, 175-240, Part 2, 263-294.

[74] Parkhurst, A. M. and James, A. T. (1974). Zonal polynomials of order 1 through 12. in *Selected Tables in Mathematical Statistics*, Harter, H. L. and Owen, D. B. (Eds.), I. M. S. Publications, Vol. 2, 199-388.

[75] Pillai, K. C. S. (1955). Some new test criteria in multivariate analysis. Ann. Math. Statist., 26, 117-121.

[76] Pillai, K. C. S. (1956). On the distribution of the largest or the smallest root of a matrix in multivariate analysis. Biometrika, 43, 122-127.

[77] Pillai, K. C. S. and Gupta, A. K. (1969). On the exact distribution of Wilks' criterion. Biometrika, 56, 109-118.

[78] Pillai, K. C. S. and Mijares, T. A. (1959). On the moments of the trace of a matrix and approximations to the distribution. Ann. Math. Statist., 30, 1135-1140.

[79] Rao, C. R. (1948). Large sample tests of statistical hypotheses concerning several parameters with applications to problems of estimation. Math. Proc. Camb. Philos. Soc., 44, 50-57.

[80] Rao, C. R. (1973). *Linear Statistical Inference and its Applications, 2nd Editon.* John Wiley & Sons.

[81] Rao, C. R. (2005). Score Test: Historical Review and Recent Developments. In: Balakrishnan, N., Nagaraja, H. N., Kannan, N. (eds)

Advances in Ranking and Selection, Multiple Comparisons, and Reliability. Birkhäuser Boston, 3–20.

[82] Reid, N. (1988). Saddlepoint methods and statistical inference. Statist. Sci., 3, 213–227.

[83] Riemann, B. (1893). *Riemann's Gesammelte Mathematische Werkes.* Dover Press (1953), 424–430. New York.

[84] Roy, S. N. (1945). The individual sampling distribution of the maximum, the minimum and any intermediate of the p-statistics on the null-hypothesis. Sankhyā: The Indian Journal of Statistics, 7, 133–158.

[85] Roy, S. N. (1953). On a heuristic method of test construction and its use in multivariate analysis. Ann. Math. Statist., 24, 220–238.

[86] Saw, J. G. (1977). Zonal polynomials: an alternative approach. J. Multiv. Anal., 7, 461–467.

[87] Schatzoff, M. (1966). Exact distribution of Wilks' likelihood ratio criterion. Biometrika, 53, 347–358.

[88] Schuurman, F. J., Krishnaiah, P. R. and Chattopadhyay, A. K. (1975). Exact percentage points of the distribtuion of the trace of a multivariate beta matrix. J. Statist. Comput. Simul., 3, 331–343.

[89] Severini, T. A. (2000). *Likelihood Methods in Statistics.* Oxford University Press, Oxford.

[90] Skovgaard, Ib M. (1987). Saddlepoint expansions for conditional distributions. J. Appl. Prob., 24, 875–887.

[91] Srivastava, M. S. and Khatri, C. G. (1979). *An Introduction to Multivariate Statistics.* North-Holland, New York.

[92] Sugiura, N. (1969). Asymptotic non-null distribution of the likelihood ratio criteria for covariance matrix under local alternatives. Mimeo Ser. 609, Institute of Statistics, University of North Carolina at Chapel Hill.

[93] Sugiura, N. (1973). Asymptotic non-null distributions of the likelihood ratio criteria for covariance matrix under local alternatives. Ann. Statist., 1, 718–728.

[94] Sugiura, N. (1974). Asymptotic formulas for the hypergeometric function $_2F_1$ of matrix argument, useful in multivariate analysis. Ann. Inst. Statist. Math., 26, 117–125.

[95] Sugiura, N. and Fujikoshi, Y. (1969). Asymptotic expansions of the

non-null distributions of the likelihood ratio criteria for multivariate linear hypothesis and independence. Ann. Math. Statist., 40, 942-952.

[96] Sugiyama, T. (1967). Distribution of the largest latent root and the smallest latent root of the generalized B statistic and F statistic in multivariate analysis. Ann. Math. Statist., 38, 1152-1159.

[97] Takemura, A. (1984). *Zonal Polynomials*. Institute of Mathematical Statistics, Lecture Notes-Monograph Series Vol. 4.

[98] Takeuchi, K. and Takemura, A. (1985). Eigenfunction of association algebra of pairings and zonal polynomials. Discussion paper 85-F-5, Fac. of Economics Univ. of Tokyo.

[99] Temme, N. M. (1982). The uniform asymptotic expansion of a class of integrals related to cumulative distribution functions. SIAM Journal on Mathematical Analysis, 13, 239-253.

[100] Terrell, G. R. (2002). The gradient statistic. Comput. Sci. Statist., 34, 206-215.

[101] Tumura, Y. (1965). The distributions of latent roots and vectors, Tokyo Rika Univ. Math., 1, 1-16.

[102] Wald, A. (1943). Tests of statistical hypotheses concerning several parameters when the number of observations is large. Trans. Amer. Math. Soc., 54, 426-482.

[103] Wilks, S. S. (1938). The large-sample distribution of the likelihood ratio for testing composite hypotheses. Ann. Math. Statist., 9, 60-62.

[104] 佐武一郎 (1957). 『行列と行列式』. 裳華房.

[105] 数理科学 (1995). 行列式の進化. 第 33 巻, 第 4 号.

[106] 高木貞治 (1943). 『解析概論』. 岩波書店.

[107] 竹内宏行 (2001). 鞍点近似における Watson の補題について. 東京国際大学論叢　経済学部編, 第 25 号, 71-77.

[108] 竹内宏行 (2014). 鞍点の凸性と曲率について. 日本統計学会誌, 44, 1-17.

[109] 竹内宏行 (2017). Lévy の反転公式と鞍点近似法の比較. 日本統計学会誌. 46, 113-135.

[110] 豊島勇大・橋口博樹 (2015). 超幾何関数の二次ラプラス近似による Wilks のラムダ統計量の非心分布のサドルポイント近似. 日本計算機統計学会第 29 回大会, 学生奨励セッション (5 月 14 日)

索　引

〈著者紹介〉

早川　毅（はやかわ　たけし）

1962 年 名古屋大学理学部数学科卒業，同年 文部省統計数理研究所入所，1973 年 統計数理研究所第一研究部第二研究室室長，1974 年 日本統計学会編集担当理事，1977 年 日本数学会『数学』常任編集委員，1979 年 一橋大学経済学部教授，1988 年 日本統計学会理事長，1992 年 一橋大学情報処理センター長，1998 年 一橋大学大学院経済学研究科教授，2001年 ハーバード大学統計学科客員研究員，2003 年 一橋大学名誉教授，富士大学経済学部及び大学院経済・経営システム研究科教授，2011 年 日本統計学会賞受賞，2016 年 富士大学名誉教授，現在に至る．理学博士（東京工業大学，1973）

専　　門　数理統計学
主　　著　『実験計画法の基礎』（朝倉書店，1977）
　　　　　『回帰分析の基礎』（朝倉書店，1986）
　　　　　"Modern Multivariate Statistical Analysis - A Graduate Course and Handbook", American Science Press, 1985, M. Siotani, T. Hayakawa and Y. Fujikoshi
　　　　　"Bilinear Forms and Zonal Polynomials", Springer Verlag, 1995, A. M. Mathai, S. B. Provost and T. Hayakawa

統計学 One Point 24

鞍点近似法

Saddlepoint Approximation

2023 年 11 月 25 日　初版 1 刷発行

著　者　早川　毅　　ⓒ 2023

発行者　南條光章

発行所　**共立出版株式会社**

〒112-0006
東京都文京区小日向 4-6-19
電話番号　03-3947-2511（代表）
振替口座　00110-2-57035
www.kyoritsu-pub.co.jp

印　刷　大日本法令印刷

製　本　協栄製本

一般社団法人
自然科学書協会
会員

検印廃止
NDC 417

ISBN 978-4-320-11275-9

Printed in Japan